设计专家·设计管理·设计变现

设计职场的
三种打开方式

DESIGN OF ADVANCED

Carol炒炒 主编

電子工業出版社
Publishing House of Electronics Industry
北京·BEIJING

内容简介

本书由多位作者共同撰写,每一篇文章的作者均是来自于BAT等公司的从业10年左右的一线全栈设计师。他们根据自己的经验与沉淀,围绕职场上会出现的设计专业问题,抽丝剥茧,给出解题思路,并给出对比案例,帮助设计师在职场上快速进阶。

本书分为三篇,共15章。第一篇为设计专家,含第1到第6章,详细介绍设计师的进阶路径,介绍一个普通设计师在日常项目中如何提高能力并进阶成专家型设计师,根据自己的个人情况理清自己的进阶路径;第二篇为设计管理,含第7到第10章,详细介绍了设计管理的一些方法论、从0到1组建团队、设计师自我角色转换,以及如何向上/向下和平级管理。设计管理者们分享了他们的管理实战经验,给出教程式解决方案。第三篇为设计变现,含第11到15章,详细介绍了设计师创业方法论,例如如何报价,如何打造设计师个人品牌,如何量化设计价值等。

本书语言平实,取材广泛,案例生动,图文并茂,适合于不同成长阶段的设计师快速突破自身的瓶颈,当然也适合产品经理、产品运营以及管理人员阅读参考。

未经许可,不得以任何方式复制或抄袭本书之部分或全部内容。
版权所有,侵权必究。

图书在版编目(CIP)数据

设计职场的三种打开方式:设计专家·设计管理·设计变现 / Carol炒炒主编. —北京:电子工业出版社,2019.5
ISBN 978-7-121-36427-3

Ⅰ.①设… Ⅱ.①C… Ⅲ.①移动终端–应用程序–程序设计 Ⅳ.①TN929.53

中国版本图书馆CIP数据核字(2019)第081703号

策划编辑:贺志洪(hzh@phei.com.cn)
责任编辑:贺志洪
印　　刷:北京缤索印刷有限公司
装　　订:北京缤索印刷有限公司
出版发行:电子工业出版社
　　　　　北京市海淀区万寿路173信箱　邮编 100036
开　　本:720×1000　1/16　印张:13.5　字数:345.6千字
版　　次:2019年5月第1版
印　　次:2019年5月第1次印刷
定　　价:49.90元

凡所购买电子工业出版社图书有缺损问题,请向购买书店调换。若书店售缺,请与本社发行部联系,联系及邮购电话:(010)88254888、88258888。
质量投诉请发邮件至 zlts@phei.com.cn,盗版侵权举报请发邮件至 dbqq@phei.com.cn。
本书咨询联系方式:(010)88254609 或 hzh@phei.com.cn。

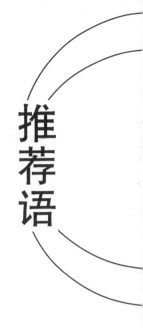

推荐语

这是一本好书，每个设计师和创业路上的管理者都值得一看。书中给出了一些职场上遇到的问题的解决方法，对读者很有价值。推荐之！

胡晓　国际用户体验设计专业组织（IXDC）创始人

创业这些年，给我帮助最大的不是那些理论书籍，而是提供大量案例的实用型图书。我很惊喜地看到，在本书中有关于创业实操做法的分解和背后思维逻辑的拆解。相信对同样有创业困惑的人有很大的借鉴作用。

胡皓　腾讯青藤大学负责人

这本书告诉我们，在职业成长路上，可以至少有三种尝试，根据自己的意愿、自己当前的状况进行尝试。本书提供了成长路上可能会遇到的问题以及解决方案，值得参考。好书，推荐！

徐志斌　见实 CEO，《社交红利》《即时引爆》《小群效应》作者

截至 2018 年，互联网经济占中国 GDP 不到 5%。互联网设计师这个群体的人数也只占行业 10% 左右，未来互联网设计师这条路要怎么走，本书给了三个大方向，挺好，且都是正道，值得尝试。

沈瑞祥　前百度用户体验部交互负责人

如果说《一个 APP 的诞生》是"术"的陈述，那么《设计职场的三种打开方式》则是"法"的层面，是一个进阶的打开方式。值得推荐！

邵和明　腾讯 QQ 看点设计团队负责人

这是一本具有职场指导意义的书。未来的路怎么走，无论是从事哪个职业，无非就这三条线：专家线 / 管理线 / 创业线。

李华　富途证券董事长

随着互联网的飞速发展，从业者的成长速度一定要高于行业成长速度。《设计职场的三种打开方式》这本书告诉我们成长过程中的一些核心方法论，值得阅读并实践。

孟祥慧　深圳市创梦天地科技有限公司　政策发展部总经理

这是一本打通设计师——这一具有感性思维驱动的职场生命体转向商业化、职业化的进阶手册。书中对于设计师职场所可能经历的沟通、执行、设计目标，最终落地都有比较清晰客观的建议指导，非常适合工作 0～3 年的设计师人群。书读好，弯路少。诚意推荐！

毕康锐　小赢科技 XGD 产品体验设计团队负责人、X-financial 品牌设计负责人

"精益"这个概念这两年一直很火。这本书里也有一个精益职场的概念。快速有效地做好自己对职场的规划，用方法论去规避某些"坑"，值得推荐！

何人可　湖南大学设计学院院长

设计思维是每一个设计师和希望成为设计师的人最重要的"Sense"。

刘军育　腾讯专家级产品经理

我们不用喋喋不休地强调产品的好处，而是要想办法让用户投入真实的感情，让用户沉浸在其中，并悄无声息地变成我们的粉丝，这就是体验设计的魅力。本书提到了让用户参与式调研，也是其中的一种方法论，值得学习和尝试。

曹成明　人人都是产品经理、起点学院创始人兼 CEO

产品的设计即是关于产品战略和企业战略的根本，设计理念更是互联网从业者必备的基础逻辑理论。作者倾心之作，可以帮助产品设计的从业人员理清思路和逻辑，抓住产品设计的精髓和本质。

封思如　深圳市英威诺科技有限公司副总裁

设计为解决人类需求而生，作者把设计师的价值回归到社会价值，非常接地气。本书帮助设计师通过职场技术岗和管理岗以及创业变现来突围，提升设计溢价。这是来自实战派专家的干货奉献，非常值得推荐的一本好书。

张贝　腾讯金融科技市场部设计中心负责人

设计师需要"知行合一","知"是学习,"行"是经验。本书将学习和经验两者相结合,对设计师有很好的指导意义,帮助设计师建立自身的知识系统,是非常值得深读的一本好书。

乔志强　九品设计咨询创始人

中国有 1700 万设计师,这样一个庞大群体正处在国内消费及体验升级的大风口,从本书开始重新认知你的职业。

曾铃琳　重和科技创始人、SUXA 联席会长

在这个设计价值被不断扩充延展的新时代,无论新人、老鸟都将面临更多的选择。面对众多的可能性,该如何顺应大势,发挥自身潜能?相信这本书能给你带来切实的灵感。

周雨涵　交互进阶知乎专栏作者

这是一本帮助设计师走向更高级别的引导书,以设计技能、设计管理、设计变现这三个维度全面地讲解了设计师在成长道路上如何构建自己的专业技能与管理知识,同时也在设计师自我价值展现的探索之路上提供了新的视角,相信它能帮助更多在求知道路上不停探索的设计师们。

陈焱　大族激光智能装备集团总裁

在消费升级企业转型的时代,设计在商业中正成为趋势,这也影响着设计师的职责边界,所以设计师们需要对自己的职业发展有新的视角和规划。作为用户体验行业深耕多年的从业者,向刚入门以及资深的设计师们推荐此书,定能从中收获颇多。

周蓉　火山 / 唯奥体验创始人 & 首席体验官
SUXA 体验设计协会专家委员会主席

企业需要定位,人生需要自我设计,现代职场更需要科学设计。《设计职场的三种打开方式》一书是知行合一的体现,是智慧明达的开始!

马翎翔　中鑫金融集团董事长

企业为社会培养的人才,无外乎专业人才、管理人才和创业型人才。本书从设计从业者视角出发,分别从以上三个角度分享可复制经验,值得细细阅读。

姜臻炜　浪尖集团常务副总裁

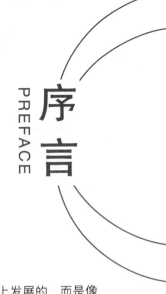

序言 PREFACE

我们职业成长的道路,并非是沿着一条平直的上升直线向前向上发展的,而是像股票走势一样,也会出现横盘和反复振荡。

当处于这个职场生涯的振荡阶段,你可能会专业能力停滞不前,对前途未来不确定,感到有点迷茫;甚至会对自己之前的从业经历产生怀疑。其实,我们的职场进阶,从一个阶段到另一个阶段的距离,就像隔着一层窗户纸,要是有人帮忙提点一下,就那么轻轻捅一下,你一下子就会豁然开朗,进入另一个境界了。在《设计职场的三种打开方式》这本书里,表达的内容就是捅破这层窗户纸的方法和技巧。

以设计师为例,在职业规划中,其实就三条路径:设计专家、设计管理、设计变现。

设计专家——也就是在专业上持续精进,进化成设计行业的精神领袖,引领整个设计潮流,苹果的CDO乔纳森·伊夫就是这样一个人,专业上已登基为王,暂时还没有出现可以超越的人。选择这条职业发展路径的小伙伴,需要持续产出高质量的作品,产出令人眼前一亮的作品——原来设计还能这样做啊!

还有一条路径是设计管理,这其实是以专业为支撑的,结合了管理的职场艺术。

在腾讯的职业通道中,只有设计专业能力得到了认可,才有机会成为设计管理者,而管理是另外一门学科。我们在本书中阐述的并不单纯是英国设计师Michael Farry提出的"设计管理",更多的是对设计团队的组建和管理以及设计人才激励的方法论输出。如何提高设计团队的工作效率?如何激发设计团队的主观能动性?如何完成既定的设计目标,使设计的价值最大化?这都是我们在设计管理这个篇章中讨论的问题。

在我们的职场生涯中,除了在公司上班,还有一种路径就是自己创业,即设计变现。作为设计师，除了做一个设计外包方，我们还有什么创业的可能性呢？是独立设计咨询，还是开一个设计培训班？或者是跟人一起合作，干票大的？！这里有一个前辈给我们展示了一个很好的打开方式，那就是小米的联合创始人、《参与感》的作者黎万强先生。其实人人都有一个创业梦，人人都希望自己能给别人一个有想象空间的人设。那么设计师在成为创业者之前需要做哪些准备工作呢？能力雷达图是怎样的呢？

在本书中，我邀请了在这三个职业通道里优秀的有影响力的人来分享他们是如何成长的。有来自腾讯的贝爷、阿里的 Ella、网易的方耀等设计大咖，也有来自普华永道的管理者 Lorry Lee，还有设计创业者设计夹的黄飒，来自硅谷创业公司的惠迪等，他们在各自的选择里是如何做的？这些大咖们用自己的语言方式，将自己多年的经验整理成可实操的方法论，帮助我们的小伙伴能快速越过恼人的瓶颈期。

我发现，在设计外包这个行业里，出于盈利考虑，中国 90% 的设计公司都试图接下产品设计的所有业务，即尽可能拓展业务范围，从 UI 设计、产品交互设计，到包装、Logo、印刷品，无一不包。在每一个项目的设计过程中，时间越短越好，投入的高级设计师越少越好。在接洽中，如何进行设计报价是一个系统性问题。在这本书中，兰帕德的创始人谷成芳分享了整套报价体系，非常有价值。

《设计职场的三种打开方式》并不仅仅是《一个 APP 的诞生》的升级版。《一个 APP 的诞生》是对刚毕业的学生或者想转入互联网行业的行业新人进行互联网产品的知识普及，而《设计职场的三种打开方式》是对工作 3 年以上的、对自己的职场生涯有规划的成熟职场人的一本"打怪升级"的秘籍。里面的内容并不是万能钥匙，但是当你在工作中遇到一些特定的问题，你会在本书中找到解决方案的思路。例如，当你想更好地服务于产品目标，让用户发生目标行为，可是你的解决方案并未奏效，怎么办？在本书中，来自网易的高级设计师方耀给了大家一个解决方案——重新理解用户行为！在文中，方耀拆分了重新理解用户行为的步骤，用案例去解析。带着问题去阅读，你会发现，你面临的问题可能就有了一个新的解决方案的思路。

在机场，在洗手间，在地铁，在你百思不得其解的时候，这本书不会占用你很久的时间，遇到什么问题，就像你到一家餐馆看菜单一样，翻到对应的章节，对着看，解决当前面临的问题即可！

Carol 炒炒
2018 年 3 月 26 日星期一

第一篇　设计专家
Chapter 1　Design Expert

1　日常项目的设计进阶　　002
　1.1　高尔夫模型　　003
　1.2　设计的"角度"　　003
　1.3　设计的"推力"　　005
　1.4　设计的"落点"　　009
　1.5　项目中的自我修炼　　009

2　"用户体验设计"的 2 个概念和 3 个理念　　027
　2.1　产品设计师的重要意识　　028
　2.2　基本概念　　028
　2.3　理念基石　　031

3　从产品体验到服务体验设计　　037
　3.1　世界变了，为什么没法只做产品体验设计　　038
　3.2　服务设计　　039
　3.3　总结　　047

4　用户参与式设计，如何有效启动用户　　048
　4.1　用户参与式设计是什么　　049
　4.2　有效启动用户的重要性　　050
　4.3　有效启动用户设计之"招募与邀约用户"　　050

	4.4	有效启动用户设计之"设计过程"	051
	4.5	有效启动用户设计之"前期启动"	054
	4.6	总结	058

5 加速体验"快"感——交互组件优化原则 　059

5.1	什么是交互组件	061
5.2	交互组件的演化因素是什么	062
5.3	用户影响	067
5.4	原则从哪里来	068
5.5	总结	079

6 避开设计中的陷阱——重新理解为用户行为而设计　080

6.1	陷阱 1：总是假设用户的行为是经过理性思考决策的	081
6.2	陷阱 2：高估了可用性对于用户行为发生的帮助	083
6.3	陷阱 3：忽略外部环境因素对人行为的影响	085
6.4	陷阱 4：解决方案过于依赖外部动机，忽略用户内在动机	086
6.5	陷阱 5：设计师自身的认知偏见——宜家效应、服从权威	089
6.6	总结建议	090

第二篇　设计管理
Chapter 2　Design Management　091

7 精益设计：从设计管理看设计师角色的转变　092

7.1	关于精益设计	093
7.2	管理精益设计	097
7.3	UX 设计师在精益设计中的角色转变	102
7.4	结语	104

8 完美项目汇报　105

8.1	说点大家感兴趣的往事	106
8.2	经典项目管理方法	107
8.3	掌握互联网项目管理全局	110
8.4	项目管理常用方法	112
8.5	一些常见疑问及名词释义	118
8.6	完全工具化到来之时，项目经理会消亡吗	120

9　组建高效的设计团队　122
9.1　关于设计团队　123
9.2　何谓高效的设计团队和设计师　123
9.3　团队内的分工　128
9.4　"赋能"的文化　129
9.5　高效团队的制度　131
9.6　总结　133

10　体验动力驱动产品设计　134
10.1　因何谈起产品的体验动力　135
10.2　何为体验动力　135
10.3　体验动力模型的科学依据　141
10.4　体验动力模型的结构　142
10.5　设计师如何用体验动力解决实际问题　144
10.6　结语　148

第三篇　设计变现
Chapter 3　Design Monetization　149

11　无 IP，不创业：设计师如何通过打造个人品牌变现　150
11.1　定位先行　151
11.2　策略梳理　152
11.3　口碑支撑　156
11.4　品牌延伸　157
11.5　总结　158

12　创新思维，用好工具产生好创意　159
12.1　为什么需要思维工具来帮助我们　160
12.2　工具运用——漏斗法则　161
12.3　工具运用——Why-Why 分析法　161
12.4　工具运用——金字塔分析法　163
12.5　工具运用——头脑风暴法　164
12.6　总结　171

13 独立设计师的变现之路——设计师如何做自媒体　172
- 13.1 给自己定位　173
- 13.2 认知与定位　174
- 13.3 爆品思维　175
- 13.4 互动思维　176
- 13.5 如何选择合适的平台　177
- 13.6 内容如何变现　178
- 13.7 总结　180

14 从商业认知的视角看产品商业化路径　181
- 14.1 如何精准地发掘商业价值，直击用户痛点　182
- 14.2 一个新产品如何能够成功地进入一个市场　185
- 14.3 如何让产品能卖出好的价格　185
- 14.4 如何让产品持续走红　188
- 14.5 总结　191

15 独立设计师外包服务中的定价策略　192
- 15.1 哪些人在找外包　193
- 15.2 如何让外包需求者看到你　194
- 15.3 有效报价　195
- 15.4 外包项目的维度评估　198
- 15.5 提案　199
- 15.6 项目报价　200
- 15.7 合同　202
- 15.8 总结　203

后　记 Postscript

Chapter 1
设计专家

1　日常项目的设计进阶 002

2　"用户体验设计"的 2 个概念和 3 个理念 027

3　从产品体验到服务体验设计 037

4　用户参与式设计，如何有效启动用户 048

5　加速体验"快"感——交互组件优化原则 059

6　避开设计中的陷阱——重新理解为用户行为而设计 080

1　日常项目的设计进阶

邹 烨

用户体验设计专家

10年互联网体验设计经验，曾就职于腾讯

现负责支付宝用户生态体验设计

> 📝 **导语：**
>
> 　　我们常被国内外知名设计网站上设计师的作品中新颖的风格、突破性的组件、华丽的动效所吸引。如果能深入分析，也容易发现一些设计背后缺失产品意义，缺乏清晰的用户操作逻辑，脱离于技术的可实现性，这也只能是一次纯粹的设计练习。我们常说当设计师在做一个产品设计时，其实是一次戴着脚镣的探索和前行，因为它有很多前提、约束、目标和要求。设计经验的累积，很多时候都是在完成对这些内容的理解和判断，并且能得到兼顾周全并对目标负责的方案。

1.1 高尔夫模型

当一个设计师在完成设计项目时,可能会习惯性地将自己孤立为一个创作个体,仿佛是随心所欲自我表现的艺术创作一般。艺术化创造,意味着独立性和不可撼动。而在服务于商业目标的设计项目中,设计就是一种高度配合的协作,是一种反复地试错并逐渐逼近目标的过程。在取得成功的道路上,可能都需要遵循所谓"高尔夫模型"。"高尔夫模型"借用了高尔夫击球的核心要素:角度、推力、落点,来比喻设计行为的核心要素。当保证击球时有足够好的"角度",获得可持续的"推力"以及准确无误的"落点",才能为完成一次成功的击球奠定基础。即便不能一杆进洞,那就分解成几杆,但每次都要对相同的目标反复衡量这三个核心要素是否到位。设计过程同样如此。高尔夫模型如图 1-1-1 所示。

图 1-1-1　高尔夫模型

1.2 设计的"角度"

设计的"角度"可以概括地理解为设计的意义和价值。从哪个角度出发意味着设计能解决什么方面的问题。设计师在执行设计前,不应仅仅着眼于形式上的创新和美感。如果没有业务意义支撑的产品,是没有办法通过设计来弥补其价值的。设计师也不应该被陷入一种"最后的指望"中,当你遇到一些产品经理给不到你足够做一件事的理由却试图利用设计表现而达成产品价值,你应该当场回绝。你可能会想,这么看来设计并没多大作用。是的,所以我们才需要做"更大"的设计,简单概括就是我们要理解和思考清楚"为什么"。这种思维意识成为习惯后,将来你就有能力自己独立思考有价值的事情了。

面对一个上线很久的产品,即将着手一次再设计。设计师很容易着手去探查产品中遗留的体验问题,比如通过启发式评估、认知走查等方法收集产品问题。但与此同时也不妨和团队一起探讨清楚,改版能不能调整或"放大"产品价值,审视下市场环境和用户群体是不是发生了新的变化。

举个例子,在一次账单(交易记录)改版中,我一度陷入了对改版价值的迷茫之中。因为账单作为一个平台型的产品,首当其冲需要对各个业务场景的交易记录做好规范约束,把控好信息规则和视觉呈现。但如果改版仅仅实现了账单体验规范的优化,对账单产品本身究竟能带来多少可量化的价值?是为了更整齐划一的对账浏览体验,还是为了更高效地接入新业务?但在后续的产品方向探索中,我们才一起挖掘到用户的交易记录数量和类型已经经年累月地沉淀到了一定的规模,账单除了维护好底层的基础交易数据规则,还应该是用户生活方式的印证。可以在满足用户便捷记账对账的管理需求的同时,让消费数据具备二次商业变现能力(例如根据用户曾经的支付行为推荐相近的消费),等等。这等于扩大了产品的内涵,产品被赋予了新的意义。改版的步伐就不会受制于页面改得好不好看、规范执行到不到位这类基础问题上了。

当面对一个全新的产品经历从 0 到 1 的过程时,更需要想清楚各个层面的问题:产品解决了什么人群在什么场景下的什么需求/痛点(从进入互联网时代以来,这已然成为真理了);产品于公司、于用户以及参与其中的商业合作者分别有什么价值和利益关联,等等。

例如,如图 1-1-2 所示,在一个电子发票产品的初创时期,分析当时的产品环境后了解到采用电子开票的商家甚少,而用户主动选择电子发票的更是少之又少。与此同时,还有国家税务局的政策和开票服务商的利益牵扯其中。这个产品在生态中应该充当什么角色,才能创造多赢的格局?产品应该从什么层面突破,是从用户端开始推广还是从商家端开始渗透,才能快速形成产品势能?发票体系存在着开具、冲红、管理、报销、兑奖等诸多服务内容,如何规划到产品的不同阶段?所有的问题都要求你马上着手信息收集和梳理,找到问题的解答思路,更好地规划产品。我们做了几件事:首先,理解生态角色的关系,从中找到推广电子发票的商业动力来自哪里,以及在生态中我们需要并可以扮演的角色;再者,我们从线上、线下、商家、普通用户几个维度梳理了电子发票的服务流,这便初步决定了产品功能的范围和优先级。

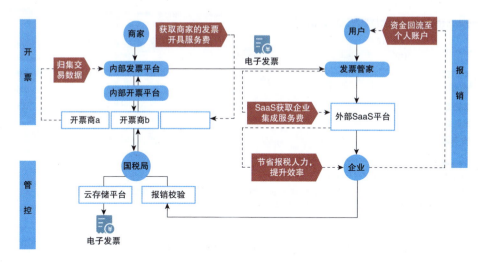

图 1-1-2　电子发票的生态角色关系分析

1.3　设计的"推力"

设计过程的推力,其实可以简单地理解为协同其他的资源和角色,并纳入你的设计实现过程中。这样,有助于设计从被理解到被增益,方案实现从不被埋坑到日臻完美。

设计师在职业生涯中或多或少会遇到自己熬夜赶出的方案在项目团队评审中遇到很大挑战和阻力;更严重的情况是执行团队准备好向上汇报的设计方案屡遭否决;抑或是即便在需求评审、设计评审、系统分析评审环节全程不落地跟进,但到验收测试环节仍然发现设计定义传递存在大打折扣的情形。这往往是由于整个项目团队没有或无法获得设计共识的结果。这样的设计结果很容易得不到认可和信服。

设计只是产品的关键组成部分,但不是全部。设计的结果是团队各方角色传接配合的结果。

项目推动初期,设计师应该在核心数据指标、产品价值、阶段目标、设计概念、体验问题范围等方面达成项目团队的共识。当然,依据不同的团队文化及产品阶段,设计师可能是部分内容的定义者，也可能是被告知者。但共识是一定要确保的。通过产品数据分析定位问题示例如图 1-1-3 所示。

选取2016.12.8数据对比改版前 2016.11.10数据							
2016.12.8				2016.11.10			
UV	点击率	PV	人均次数	UV	点击率	PV	人均次数
会员首页			3.8				5.8
我的积分/赚积分	0.7%		2.4		11.0%		2.6
等级权益	2.9%		1.1		4.9%		2.3
排名							
热门权益点击	42.0%		3.5		50.9%		8.4

【问题挖掘】
首页头部面板的点击率骤减，"我的积分"由11.0%降至0.7%；"等级权益"由4.9%降至2.9%
2.0首页铺出所有积分权益（1.0首页只透出5条权益，用户需要点击更多查看），全量点击率反而下降近10%。
分析原因用户可能不会滑屏很多，首屏铺出的权益比较杂乱。

图 1-1-3 通过产品数据分析定位问题示例

一个成熟的设计师，在对产品现阶段目标及体验问题有了清晰的定位后，分别与产品负责人、搭档设计师，乃至核心开发同学达成共识，并有理有据地阐释出产品在体验上应该规划若干个迭代分别完成的产品体验改进内容。甚至，成为一个项目牵头人，担当为资源协调和目标推进负责的角色。

关于一个产品的设计改版，设计师发挥价值的空间可以很大。设计师首先应该定义问题并与团队达成共识，达成共识前需要你了解产品的关键业务指标，并利用好客观的数据分析（示例模拟了一个产品基础数据的分析，供参考）。接下来，规划体验改进的计划，策略上可以以重要性、整体与局部关系、达成难易程度以及实现周期来梳理你的规划。

达成共识，可能需要经历好几轮的沟通，尤其当你需要自下而上形成共识时。讲究基本的沟通技巧是必要的，例如先倾听后表达、先当面口头表达再书面阐述、先影响身边的第一层关系再逐渐扩大沟通范围，等等。当然，最好的沟通基础就是客观"真相"，你需要做好桌面工作，掌握足够的依据来佐证你的结论。

关于"推力"，另一个关键控制点是注重设计交付文档的完善程度。一定有设计师认为设计只要服务于产品的真实用户就足够了。其实具备"服务体验意识"的设计师，会很认同他同样要服务于自己的上游和下游的项目伙伴。受感性、自由意志主导的设计师们，通常会非常不愿意将自己的设计产出扣入严谨的框架中。所以为什么说，意识决定行动,关键看自己是不是认为重要和值得。

事实上,顾全设计交付物所面向的"用户"需求,会令你的设计离成功更近一些。一份文档设计可能会面对全新搭档,一个不明项目背景的视觉设计师;可能面对临时调入项目组增援的开发人员;可能面对需要编写测试用例的测试人员;可能面对希望了解产品功能细节的客户服务人员(他需要处理客户咨询和投诉);也可能在几个月后的一次重要迭代中重新被调出查看,等等。体验迭代规划示例如图 1-1-4 所示。

会员产品目标

终极目标: 建立用户忠诚度

半年内目标: 优化产品体验上所有已知问题,提升会员积分的价值感知

体验任务分解

第一期迭代:

【重点】信息架构重构、页面展示信息优化

【重点】基础模块体验优化(热门权益更好查找、等级权益传递、升等级规则、权益品质感提升)

第二期迭代:

【重点】新增的业务权益感知设计,已上线业务权益的转化跟踪并优化

【重点】权益兑换路径的漏斗转化效率提升

总结产品权益转化模式,比如时效敏感型的产品引导、周期型产品的引导等

图 1-1-4 体验迭代规划示例

将设计交付物视为串联整个项目成员高效协同的工具,可以承接诸多阅读角色的需求并呈现特定阶段产品的发展状态。一份优秀的文档要求设计师要照顾到产品经理、开发人员、测试人员等所有角色视角并满足其工作需求,还必须具备完善清晰的信息框架,符合阅读者的常规浏览预期,在不依赖于其他文档铺垫的情况下能完成对设计方案全貌和细节的学习。做到此,应该是一件难度非常高的事情了,这会要求你对各个配合角色的工作内容和思维要点有一定深入的理解。

设计交付文档一般建议包含图 1-1-5 中的内容,以便指导文档的组织,帮助你的设计思路被更高效地传递。让一份好读的文档替你说话,甚至为你的专业度加分。

📄 项目名称

📄 项目概况

▶ 目标　　　做什么样的产品，为什么要做这个产品；
　　　　　　用户是什么样的，用户在什么时候使用；
　　　　　　这个产品，为用户带来什么，产品能获得什么；
　　　　　　这个项目希望实现什么样的市场目标，等

▶ 关键指标　业务目标，例如上线1个月后的DAU；
　　　　　　体验目标，例如成功率、转化率、客户咨询量等

▶ 项目人员　老板、项目经理、产品经理、设计师、开发、测试

▶ 时间计划　以Design Thinking的5个步骤拆分关键设计节点

📄 关联分析

▶ 竞品分析　1-国内外相关产品的行业数据、趋势分析／用于指导决策
　　　　　　是否要做产品、预估潜在的市场价值以及寻找差异化；
　　　　　　2-国内外相关产品的功能分析／寻找可以借鉴的和需要避
　　　　　　免的，以提升用户体验；

▶ 数据分析

▶ 用户分析　相关用户研究的目的、研究过程、结论

▶ 体验地图　梳理产品各核心环节的需求、行为、想法及体验、痛点、
　　　　　　机会点

📄 变更记录　记录版本号、概要、作者、时间；建立修改点的快速链接

📄 信息架构

📄 体验流程

▶ 页面名称　流程中说明正常状态、异常状态、边界逻辑、跳转逻辑等
　　　　　　可以以A.1,A.2,A.3,B.1,B.2的顺序标记流程关系

▶ 子页面　　流程中说明正常状态、异常状态、边界逻辑、跳转逻辑等
　　　　　　可以以A.1.1,A.1.2,A.2.1,A.2.2,B.1.1的顺序标记流程关系

图 1-1-5　推荐的设计文档结构

1.4 设计的"落点"

以上关于"角度"和"推力"部分分享了一大通个人的想法,我认为这些都是做好设计的外延。我内心所看待的"落点"是做好设计的内核。所谓"落点",抽象点描述就是设计师修炼精进的设计"内力",比如"心到了同时手也到了"就是一种最佳状态。具体而言,应该就是在设计执行过程中,设计师具备的思维习惯和处理方式,表现在对问题的分析力、对不同方案带来体验差异的敏感性、对合理性的权衡判断、对通用及可复用的高度意识、对创造力的把控等。

概括而言,设计师的工作就是将需求从抽象到具象合理转化的创意过程。因此,关于"落点",接下来我会用更大篇幅,从宏观设计分析到细节设计层层演进,逐一探讨如何提升设计"内力"。

让我们潇潇洒洒地打出一杆"好球",hole in one!

1.5 项目中的自我修炼

1.5.1 分解需求

设计始于需求,只是来源有别。在日常设计师工作日常需要面对的需求中,有两类需求可能会给你带来麻烦:一类是"一句话"需求;另一类是"众说纷纭"的需求。它们可能会让人头疼不已,我们分别来看看如何应对。

1."一句话"需求

如果你面对的需求只是"一句话"需求时,类似"诶,小商,你在这里给我加一个分享按钮"或者"对了,小量,你看看怎么增加店铺的用户评论"诸如此类。往往说明你的需求上游,比如产品经理并没有非常明确产品目标以及用户诉求,或是把问题想得太简单了。

严重压缩的信息里面需要脑补的空间非常大,就上面关于分享的需求中你可能会想到:"分享有什么用户动力或激励?""分享对产品有什么价值?""希望在哪些渠道分享?""这些渠道引流体验是否畅达?""不畅达,还有什么可以弥补流失的方法?""通过分享引流的用户应该落到哪个页面去做什么?""分享是不是当下的主要操作?""分享,希望带来哪些业务数据的提升?"……

而面对那个让你增加用户评论的需求,也同样有一堆的设想:"用户评论模块的真正受益者分别是谁?""在产品大流程的哪个环节中切入用户评论更合理?""有没有什么更好的方式,提升流量转化率?""有没有可能不用花钱把事儿办好(有时,利益刺激的方式可能增加用户的主动性,但可能不是唯一的选择)?""可以用什么方式提示用户而不招致反感?""用户什么时候会关注他人评论的内容?""又在什么时候会关心自己的评论价值?"……

此时,你做得最正确的事就是停止依靠一个人的直觉脑补(无论你多么有经验多么有想法),否则在设计实施中很可能会遇到意想不到的问题。比较合适的方式是带着问题去找需求方沟通得到你要的答案。如果有一些模糊的结论,必要时往上走咨询更高层级人士或往下走在执行中验证结论。

此外,面对需求时,有一种可贵的精神是保持"Case by Case"的心态,即便是约定俗成的一个常见功能在不同时期、用户对象、产品内容、功能定位等因素影响下都可能有新的定义和解决方式。比如,现在有一个需求的方向是借用现金红包的产品逻辑,实现一个流量红包的玩法。是不是只要把现金红包的流程原样照搬一下,只是将流量替代成现金呢?你可以这么思考,如果市面上主流现金红包的玩法已经变成了一种默认的心智,而且你评判不太有进一步简化的空间那就最好复用现有的核心玩法,例如发送方需要先包红包(确定红包个数和金额)再发送,而接受方需要先抢或者领取才能接收到红包。这样做的好处是让用户最快地理解你的玩法。但与此同时,你还可以进一步辩证地思考,主流现金红包产品是一个现象级存在,它有独立的使用场景。而对应于这个新的流量红包的功能,它的存在是隶属于一个流量奖励的产品之下的。对于流量分享的需求并不及现金红包普适。产品目标是希望通过用户自发地分享把流量流转到真正需要流量的人群中,所以它应该做得足够"轻"。是否在功能入口就要区分发送给群还是发送给个人?是不是只需要根据所选择发送的对象就能判断发给多人还是发给单一对象?面向群,是否依然要保持手气红包(随机金额)和等分红包两种模式?哪种方式更容易形成持续分享的动力?等你想清楚答案后,取舍间就自然而然得出了结论。

2."众说纷纭"的需求

如果你日常跟进的需求从各个方向纷至沓来:有来自大老板一句高瞻远瞩但抽象

的概念；有可能是一个宏观的商业目标；有来自竞品的口碑功能；有专家评估收集的诸多建议；有真实用户反馈的体验问题；有你自己尚且存疑的功能点，等等，信息层次各异（需求确立过程通常会受公司文化、决策习惯的影响。一般在扁平化、决策民主的组织内部设计师会有更多机会参与其中，而不是被动接受）。

处理复杂需求的具体方式是放大权重高的信息（可能是老板提供的信息，也可能是用户提供的信息），过滤信息噪音；按重要性加以筛检排序，条理化，可描述化，并最终以体验目标为收口。当问题一旦被成文地描述出来，你大概已经把问题定义清楚了。回想10多年前，伴随着第一代 iPhone 的横空出世，这个开放的应用平台开始布道如何做好一个 App 的设计，其中有一个非常关键的先决步骤就是定义清楚这个 App 的 ADS（Application Definition Statement，应用定义描述）。在这个过程中你需要决定重视什么，保留什么，摒弃什么。这种行事方法，至今依然重要。

当你处理各层需求时，还会涉及一个向上管理的技巧问题（尤其在面对喜欢给出方案的老板时）。大老板的初衷和见解一般都是好的，但给的解决方案不一定是最好的。在纠结如何是好时，不如准备两套方案：一套是老板提到的思路，一套是你推敲后认为合理的。提供直观可视的方案，帮助老板做更精准的决策，也是你非常必要的工作内容。

对需求的把握程度，决定了你的设计将如何被衡量。在理解了产品商业价值和产品目标后，最终都可以落到用户价值的度量上。度量方式有两种：一种是产品的用户行为数据指标。一般为定量的理性化指标，其中能反映用户行为的常规数据有 MAU、DAU、UV、PV、人均点击次数、曝光率、点击率、核心路径漏斗、页面停留时长、n 日留存数据、某个核心操作的转化率，等等，请与团队一起选择好可以解读产品状态的量化维度；另一种是用户的满意度指标。一般为主观的感性化指标，其中包含用户满意度、NPS 净推荐值、用户安全感、学习难易度，等等，有条件的情况下选取合适的产品满意度指标并长期跟踪，对设计大有裨益。总体而言，在明确需求的过程中确定度量用户价值的指标，比如提升或降低哪些数据，可以帮我们更清晰地部署设计策略并有目的地开展设计尝试。

3. 需求的关键要素

我们现在可以再回来看看需求的本质。产品究竟到了什么状态，算是真正把需求定义到位了呢？在这里，我尝试给出一些思维的"拐杖"，在遇到具体案例不太确定的时候可以比照一下。

你可能会想了解，上面关于"分享"和"评论"两个一句话需求后面，为什么能发散出这么多关联性的问题。如果你认同这些问题在需求明确的过程中都值得弄明白的话，那么我们不妨从中提炼下几个关键要素：意义、位置、方式。

意义，我主观地理解它相对"价值"的定义要更宽泛些，可以很大也可以很小。设计一定会基于一个意义而存在。意义可能来自用户、合作伙伴、产品自身等多重关系；意义决定了产品体验是否具备"势能"，这个"势能"会积蓄在哪里。还是回到刚才关于"评论"的案例中来，撰写评论对于一个普通用户而言并不容易产生直接的意义（除了热衷自我表达的用户，现在写一篇图文并茂的评论的代价会让我们联想到学生时代写命题作文时的绞尽脑汁的情景），所以产品功能中撰写评论对于一般用户而言不具备自然而然的势能，需要额外的激励策略来引入新的势能。你需要在项目中积累关于如何增加体验势能的方式。而当这个用户转变为评论的消费者时，比如他需要高质量的评论信息辅助决策时，评论就对他产生了意义。所以，有目的地浏览评论是需要具备势能的，你可能只需要把控好基础体验就行。体验势能的概念如图 1-1-6 所示。

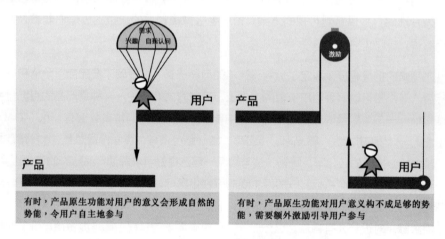

图 1-1-6　体验势能的概念

位置，则要关心用户是在什么心智下进入的（首次进入、再次进入），又是在什么状态下离开的（正常退出、不正常退出），用户分别看到了什么信息，我们又为他提供了什么操作；在完整功能闭环的设定中，如果需要发起和接收两个用户角色时，你还要充分考虑接收方会在哪里衔接住发起方的流程，等等。

方式，则是通过什么形式和内容达成上述意义的实现。想清楚方式的过程就是解决问题的过程。可以通过设想场景—动机—行动的逻辑来梳理每个流程步骤需要给用户呈现的内容和操作。除了衡量效果，还需要考量操作成本、技术代价等因素。

1.5.2 确立产品行为模式

移动互联网发展已逾 10 年，历史已经为设计师们造好了很多轮子，不值得反复去造新的轮子。在纯软件层面上，从最近的 iOS 系统和 Android 系统的更新内容来看，两者缔造的用户行为习惯越来越接近，并且逐渐固化下来（作为搅局者的 Windows Mobile 已日渐式微）。此外，经过井喷式的发展，现有应用覆盖的场景已无所不包，产品行为模式同样日渐固化。

这里可能要花一点点时间先展开讨论下"产品行为模式"的概念。产品行为模式，是一种剥离了产品差异性而对用户行为的抽象概括。但一般定义的"用户行为"聚焦在用户行为的具体动机和操作内容，可能会更关注行为路径的往复和跳失等，"产品行为模式"不一样的地方在于它高度概括了动机和行为的特征，是一种指导设计构架的建设性思路。比如在一个应用中常规的产品行为模式可以有"发现"、"选择"和场景化的"目标操作"等。

发现，可以分为用户主动发现和被动发现，是从一定量级的信息中寻找 / 推送用户希望看到的内容的过程。

选择，是在较小的范围中进行对比，再加以决策的过程。

场景化的目标操作，则可以概括为决策完成后要做的事。

举例而言，在线音乐应用的产品行为模式是较为固化的，分为搜索 / 分类浏览歌曲（发现）—选择专辑（选择）—立即播放（目标操作）。

刚才说产品行为模式日渐固化，概括而言，主流的内容消费型应用的行为模式基本包含 3 层：发现、选择、目标操作。内容型应用例如应用市场、新闻资讯、网购、理财、教育、会员权益等，不同内容型应用其场景的"目标操作"也不同，以上面所举类型为例，对应的"目标操作"分别可以是下载应用、阅读全文、下订单、购买基金份额、学习在线课程、兑换具体权益。

UGC（User Generated Content）型应用，例如记账、生活记录、微信、微博、直播视频等，则通常包含"目标操作（写操作）—发现（浏览评论 / 反馈）"。UGC 型应用一般也会分出"发现（浏览）—选择（进入微博详情）—目标操作（浏览大众分享的内容）"的模式。

工具型应用，例如汇率换算、天气查询、打车等，因其场景垂直细分，因此，其模式通常会更简单，直达"目标操作"。比如进入应用就输入某币种金额或查看当天天气情况或发出约车请求。

常见类型应用的产品行为模式如图 1-1-7 所示。

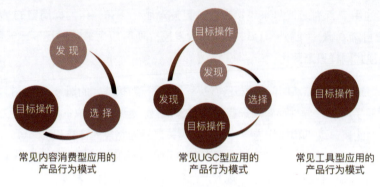

图 1-1-7　常见类型应用的产品行为模式

行业发展到今天，移动端产品的行为模式已经较难逃脱上述的抽象模式。这些就是已经成熟顺畅地跑了近 10 年的"轮子"。一方面，借用成熟的模式，能让普通的移动用户在他们熟悉的操作系统和应用环境中更快上手你的产品。另一方面，在产品设计之初，设计师清晰确立产品的行为模式，能让产品高效地搭建起来。因为产品行为模式在很大程度上决定了产品设计架构。设计师则可以把精力侧重在产品各个关键环节的创新和体验打磨上。

我们来看一个关于行为模式选择的案例：如图 1-1-8 所示，腾讯手机管家，是安卓端的手机性能管理和内容管理的工具型应用。早年，尚处于安卓系统的同类应用群雄逐鹿的时期，腾讯手机管家做过一系列重要的改版来打磨用户体验。较早的一版设计改进，选择了底部 4Tab 的框架设计，分别部署了平行的功能模块，包括体检加速、健康优化、安全防护、软件管理。但到了第二次设计改进时，开始从产品行为模式出发，找到了工具型应用中"目标操作"——"手机体检"，并通过这种傻瓜式的"一键体检"为主操作带出体检结果，进而自然分发到从属的功能场景中，建立了鲜明且有记忆点的产品行为语言，也树立了手机管理类产品的范式。重新回过头分析设计演进，会看到第一版的设计还没有从产品行为模式的角度出发去梳理信息架构，4Tab 的设计容易把工具做得比较厚重，各 Tab 间的内在联系也容易割裂。后续的设计摒弃了 4Tab 框架设计，而将功能集合收归到同一个页面的信息架构，设计模式沿用至今。从两版设计演进分析中可以得到一些经验，工具型应用选择对应的工具型产品行为模式，"高效直达"的体验成了第一要义，也能让产品设计更接近用户使用预期（因为用户只会明确手机需要得到优化但并不清楚该如何优化）。

腾讯手机管家 V4.0
4Tab 的架构，首页体检向其他各 Tab 引导

腾讯手机管家 V5.0
核心目标操作"体检"向从属功能引导

图 1-1-8　腾讯手机管家历史设计改版分析

当然这里要补充一点，工具型应用未必绝对不能分页规划，可以衡量各功能之间的关系，考查其是不是涵盖了其他行为模式，等等。

1.5.3　定义核心交互行为

在明确了产品主要行为模式后，接下来要定义核心交互行为，它是一个为设计"加分"的过程。我们可以举几个经典的案例来看看优秀的核心交互行为设计对产品的意义。Realmac Software 公司出品的任务管理应用 Clear 在上线短短 9 个小时后冲顶 App Store 收费应用排行榜，其中一个重要原因是它摒弃了按钮操作，通过简单直觉的手势实现了任务管理操作，亮眼并合理的交互定义让它脱颖而出，如图 1-1-9 所示。

微信灵魂人物张小龙津津乐道的"摇一摇"功能，是以"自然"为目标的设计。"抓握""摇晃"，是人在远古时代没有工具时必须具备的本能。摇一摇，从发现附近的人到摇新春红包再到摇电视，基于这个极简的行为不断丰富产品内涵，不断被流行。

再如，陌生人交友应用探探里表达"喜欢或不喜欢"用的左划右划的手势操作；图片分享应用 Pinterest 首创了瀑布流图片浏览方式；资讯订阅应用 Flipboard 模拟纸张翻折的浏览方式；优酷视频全屏播放时屏幕上左右手势可以拖曳控制进度，上下手势可以拖曳控制音量的交互，等等，标志性的设计不胜枚举。

图 1-1-9　经典的产品核心交互

定义核心交互行为，是一个非常考验设计审美的创新过程，也非常需要设计师具有宏大的设计视角。就拿微信"摇一摇"和探探"喜欢不喜欢"的设计来看，它们都需要设计师有深厚的人文储备，对人性和本能有深入的洞察。它的结果有点可遇不可求，但依然值得设计师在每个设计项目中努力伸手"够一够"。但如果没有足够恰当的设计定义，就不要强求。哪怕仅仅利用好原生系统的设计语言，采用最朴实的交互设计也未尝不可，切忌过度设计。

一个优秀的核心交互行为通常都应该符合极简、"自然"的设计原则。所谓极简，即无以复加的纯粹，以至于可以让人重复千百次也不会感到厌倦。比如两届央视春节晚会上的全民抢红包，"摇一摇"红包的姿势要比使劲盯着屏幕用手指戳红包高明许多。而所谓"自然"，即符合人性和本能，当我们在看到"自然"的设计时往往在惊呼其巧妙的同时还会默默地认同"它就应该是这样的"，这种设计力量可以摒弃掉学习和记忆的负担，赢得天然好感。精妙到无以复加的经典案例有 iOS10 之前版本中手势滑动解锁操作设计，还有沿用至今的长按应用图标进入删除模式时每个按钮骚动不安地晃动的设计。唐纳德·诺曼的情感设计理论从人类大脑的 3 个活动层次出发指导设计，这 3 个活动层次分别是本能层次（先天的，反应迅速，是情感处理的起点）、行为层次（控制日常行为的运作部分）、反思层次（大脑的思考部分，可以增强或抑制行为层次）。针对本能层次的设计，就需要设计师对外界强烈的情感信号保持敏感，在设计中力求与通识和常理相匹配，调动设计师自身的感官和体验经验，准确地加工和表达。设计师可以在应用的核心功能或附属功能上发挥设计创意，让产品更具魅力。

1.5.4 提炼模块

当进入具体信息设计时，应该具备全局视角，让设计保持一种精巧的、规则化的状态。设计师组织信息的过程，好比给一群五湖四海的人群编制列队并赋予他们不同职能的过程。你需要了解全局，掌握人群的信息，并规划以什么目的出发通过哪些特征来划分组别，究竟是按祖籍、年龄、性别、个性特征还是服饰"打扮"等等。加工信息内容时，你的思考方式是相通的，需要调动模块化设计思维。

模块化设计就是编组规划信息的过程，是保证设计全局一致的重要设计思维。模块化设计时，首先要选取好规整编组的维度，将一个产品内共性的内容概括成若干标准模块；然后考虑清楚一组组信息模块的优先级关系，如何进行灵活组合搭配，如何被不同场合复用；最后精炼规则，约束组合方式，在构建整条流程时能统筹地装配各模块。模块化有诸多好处，一来可以避免将一个个页面孤立起来设计，保持良好的设计延续；二来将复杂的产品逻辑清晰化简单化，令用户更少理解学习与适应，还能以工程化思维减少零碎页面版式和状态逻辑的开发，精简程序。

模块化设计的核心在于提炼共性、兼容差异、抽象规则。发掘共性模块通常有以下几种情况，我们一起来分析其中典型的示例：

（1）可以从相同功能定义但不同设计因素的情况出发。例如有时在不同手机操作系统中的同一个功能页面需要差异化功能实现，又例如在一个频道众多的产品中，可能存在不同的频道内相同功能定义的页面，它们可以被提炼成为共通的模块。

例如，iOS 不同时期的版本内 App Store 的应用安装确认页，在保证信息结构高度统一的前提下，对校验方式的功能提示做了局部的差异化，如图 1–1–10 所示。

又例如淘宝客户端内不同业务频道会树立差异化的品牌感知，体现在设计语言上就会出现视觉风格差异化的商品详情页。比如淘宝基础频道和天猫国际频道的商品详情页呈现不同的设计风格。但从两种详情页的信息模块的功能定义和排布顺序看，它们保持了高度的统一，如图 1-1-11 所示。

（2）可以从不同体验触点的相同功能页面出发。在不同体验阶段，相同定义的页面入口随之改变，需要状态和内容产生相应变化。但它们属于相同功能的页面，应该通盘保持设计的稳定同时兼容阶段化的变化。

例如，在线医疗挂号的产品中，挂号流程结束后展示的挂号成功信息和二次回访产品查看挂号记录页呈现的页面信息，主体应该保持一致，但就不同的体验阶段的需要应展现具有针对性的信息。具体而言，挂号的基本信息如就诊编号、医院、科室等不变更的信息应该规划在一个稳定区块，而分解到刚成功挂号、预定时间就诊前、就诊结束、用户取消挂号等各个阶段应该体现不同的状态信息、取号及收费的指引。

iOS 7.0~10.0
App Store 安装应用的TouchID确认

iOS 11.0
App Store 安装应用的FaceID确认

图 1-1-10　App Store 安装应用二次确认页的模块化设计

图 1-1-11　淘宝基础频道和天猫国际频道商品详情页模块对比

（3）可以从不同页面内容的同质信息出发。在一个流程复杂的综合性产品中，不同的流程环节也可能存在相近的内容透出的需要。比如一笔订单在支付过程中呈现的交易清单和交易完成后的账目信息是需要以统一模块的方式来统筹设计的，如图 1–1–12 所示。

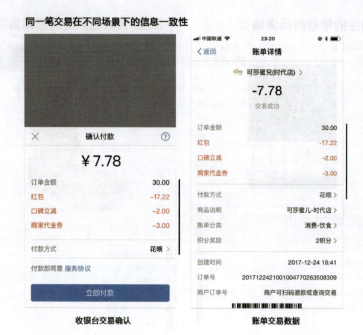

图 1-1-12　同一笔交易的信息模块化

1.5.5　设计抉择

随着逐步深入到设计细节阶段，设计师将面对规则定义、流程步骤规划、信息层级及分组处理、控件调用产生诸多设计可能性，这便为设计过程带来诸多趣味。与此同时也成为考验设计师设计判断的关键所在。

首先要树立一个信念，即设计一定不止一种可能性。对于一个解决方案的好坏取舍，首先应该尽最大的可能构想出针对问题的所有可能。这样才有可能得到最佳答案。此外，设计在诸多可能性中，一定可以找到一种最优解，有时你只是找不到合理的甄选理由而已。

有一个简单实用的方法来完成设计取舍，分为三步：首先，应该可视化地平铺出所有的方案可能，看得到的方案比停留在想象中的更能分出优劣；然后，客观地将你理解的设计利弊逐一备注出；最后，回到原始问题的出发点，根据影响体验的最大因素来投票。比如一个导航设计，其指引效率应该是最首要的要求。而一个游戏设计，其互动性和可探索性可能是最首要的设计原则。最后的评判环节会带有设计师的主观性，依设计师的个人经验和敏感度而定。当然也可以引入用户调研的方法（如原型阶段的用户访谈，或上线后的 A/B Test 等）让选择更加客观。

其中，设计抉择的基础评判原则是以 Nielsen 提出的可用性五项指标分别是易学性、易记性、容错性、交互效率和用户满意度，并衍生了更具体化的适应日常应用的细则。当然，你还可以增加符合自己产品特质的评判原则。以下列出基础的评判原则，可供设计师设计抉择时参考：

- 是否遵从当下用户任务的核心目的（是否与用户预期产生反差，或能否实现场景下的用户主要需求）。

- 是否带来更高效率（效率涵盖了理解效率、决策效率、操作效率等）。

- 是否足够简单便捷。

- 是否产生学习成本。

- 是否指明当前及后续的行动内容。

- 是否提供足够的预期（包括了在进入页面前的入口预期、在页面中呈现内容和行为的预期、在离开后跳转的预期等）。

- 是否保持统一（在系统习惯、交互行为、提示方式等各层次的统一）。

- 是否能达到产品目标（比如引入新用户、较高点击转化率、更长停留时长等）。

- 是否会带来额外的开发成本。

1.5.6　设计创新原则

创新，对每个设计师都充满吸引力。这本来也是设计师的职责所在。而很多时候我们所做的创新并不顺遂，有些难产，有些见光死，有些缺乏可落地性……

我们一起透过一些真实的故事，来想清楚什么是成功的创新，又该如何实践创新。

有一个行业故事，让我得到深刻的启示：当微信开始用"二维码"作为连接世界的入口之前，二维码是早已存在的技术。但是当微信的"扫一扫"逐渐流行起来，才让世人了解了连接互联网可以不再由自己在浏览器中键入一串链接。现在所到之处的二维码都会与用户意识中的"打开微信扫一扫"联系在一起。我有一天在问自己为什么我没能第一个想到二维码可以如此运用？因为当时的我脑海里根本不知道什么是二维码，也无从得知二维码可以承载什么信息。

多年前我的上司跟我探讨一个话题："如果你看在线视频的时候，让你看到跟你同时在看视频的人的观感，这样好不好？"当时还没流行什么"弹幕"。我一秒钟都没考虑，当即否定了这个想法，因为从自身观影角度出发任何干扰对于"严肃观影派"都是灾难。而如今我自己也是一个弹幕的热衷用户，尤其在观看一些娱乐节目时。

再分享一段经历，曾目睹过一个极力宣扬创新的产品团队的老板要求自己的下属要在每周的周报邮件中附一个创新想法。这种从下自上的创新方式看上去非常民主，也非常勤勉。结果是这些想法鲜有机会真正成为产品的一部分。老板在每周海量的邮件负荷下，无法一一点评每个人的创新想法，每个员工的创新思考得不到正向直接的反馈，而老板也疏于明确创意的评判标准和目标要求，一线员工对于产品需要解决的问题是失焦的。所以这种民主的创新没能真正发挥其价值。

在上面三个真实故事中可以感受到一些关于创新的重要启发。

第一个故事的启发是，作为一个设计师，当今的创新机会更多地来自技术。单纯地依靠设计思维和方法，忽略当前及未来的技术便只能做"小设计""微创新"，几乎不可能产生颠覆式创新。我们所处的时代，技术在不断带来生活方式、生产方式的革命，也随时可能颠覆设计的工作方式。这是我们这时代幸运的地方，也是备受挑战的地方。

第二个故事的启发是，设计师仅从直觉判断创新的潜力，也许会葬送很多机会。因为产品的使用人群属性很有可能跟你本人差异很大。我们的心智在不断"老化"中，却在面对越来越年轻的用户。连马化腾都表示自己最大的担心是不理解年轻人的喜好。在紫牛基金的合伙人张泉灵的投资逻辑中，她会去观察自己一时看不懂的现象，留意适合年轻人文化的新方向。所以，我们要对新兴的事物保持敬畏和好奇。

最后一个故事则真实地印证了，良好的创新机制是一个强调共创的过程，至少需要多源信息的处理和多个立场的协同。同时它需要参与者对问题有清晰的聚焦，并且每个创新都应该是望着"被实现出来"的终点出发的。创新的过程不是天马行空的思维驰骋，而是输入加输出的循环加工的过程，单向的输出形成不了好的思维刺激，也保证不了好的结果。

如果非要有一个统一标准来衡量创新优秀与否的话，我认为应该是看这个创新是否能占领人们的心智，就像微信的"扫一扫"产品一样。在微信通过"扫一扫"二维码的方式连接线上和线下之前，二维码这种编码解码技术在20世纪90年代就被发明出来了。通过一个产品设计的创新应用，它被流行开来，成为普通用户和商家心目中实用必备的功能,这就是杰出的创新。占领心智的要求是非常高的标准。我们日常做得更多的是体验驱动的微创新,将复杂的本质在设计上加以简化,把原本寻常的功能通过设计变得优雅。

1.5.7 创新过程

创新有两类技术流派。

一类是质朴的"方法无用论"者,往往只注重结果,不在意用什么方法。得到好的结果自然最好,但也容易让创新变成了灵光乍现的神来之笔,可遇不可求。不相信方法能帮到自己,走到极端的情况是,设计时会直接忽略掉创意的推演,直到设计进入尾声,为了营造方案的说服力而逆向包装出一些设计过程。

而另一类则恰恰相反,迷信方法论的设计师调用了形形色色的工具和方法,走完了所有该走的步骤,但最后还可能只得出了一个差强人意的创意概念。或者纵使创新过程天马行空,却没有值得落地的创新结果也是茫然的。我自己曾经就是这个技术流派的一员,从表象上看你变得更有说服力了,但别人一定会更期待你的结论。慢慢地,你才领悟到自己所谓的创意方案最后推不动的原因在哪里。可能是你没有捕捉到价值原点,可能你的解决方案没有真正达到满分,可能你不了解背后的技术代价,等等。

一个成熟的设计师,应该能采取有效的创新方法,并对创新的结论做出切实的判断。同时会更有章法地拿捏创新的尺度,而不追求过度创新。过度的创新设计总是会增加额外的学习成本且不容易被理解和接受。所以创新是在突破性与合理性之间平衡的思维运动。最近在一个项目中跟一群非常年轻的设计师探讨一个创新方案,你会发现这些设计师不愁没有新的想法,只是当他说出自己想法时,往往是缺少内心度量的,度量这个想法的效果和代价。这时你会体会到经验尤为重要。

我们还需要一起学习下主流的创新方法论。IDEO 设计公司所倡导的设计思维(Design Thinking),将创新过程分解为移情(Empathize)、定义(Define)、设想(Ideate)、原型(Prototype)、测试(Test)5 个系统的步骤,如图 1-1-13 所示。现在结合我的个人经历重点讲解一下移情、定义、设想这 3 个部分。

移情,是洞察的过程,会更多地使用到用户调研的一些方法。在 IDEO 另外整理的 51 个创新方法中介绍了很多关于洞察用户需求和动机的实用方法,例如生活中的一天(A Day in The life,记录用户一整天的行为和经历的情境)、特征档案(Character Profiles,观察真实的人群,制定他们的特征档案,描述典型人群和他们行为或生活方式的细节)、错误分析（Error Analysis，列出产品使用过程中所有可能出现的错误，并判断各种可能的原因)，等等。

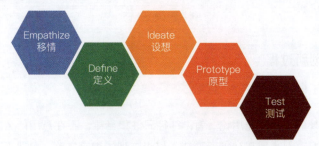

图 1-1-13　IDEO 的 Design Thinking 设计思维

定义，则是从收集的问题中找到设计机会点。定义问题的出发点决定了创新结果的好坏，有时换一种视角定义问题就可能带来全新的结果。最通俗的例子就是，当设计杯子时把设计问题定义为创造一种喝水方式还是创造一个盛水的容器，这两种设计所构建的思维跳板便截然不同。

设想，则应该包含信息输入（关于前面移情、定义环节的信息梳理消化)、发散思考、收敛创意等几个思维加工过程。每次根据不同的问题，应该采纳一种不同的"设想"思维工具，或者采纳一组规划好顺序的方法来思考。

尤其在发散思考的过程中，我们可以利用假设法、逆向思考法、随机配对法、概念扇法，等等，方法不一而足。

假设法：抛弃 / 否定现有的时间或空间或某个因素约束，思考可能产生的情境和解决方式。

逆向思考法：将常理中的逻辑顺序或因果关系颠倒，看看是否有新的可能性。

随机配对法：此方法的思考比较开放，可以随机指定一些物品，并随机选择它们的某几个特质跟你的创意命题对象关联起来，产生更多不曾预期的可能性。

概念扇法：将创意命题从目标—方向—概念—想象体系化发散，更容易产生全面的解决方案。

当进入收敛创意的阶段，我个人比较推崇用六顶思考帽的方法组织集体投票，客观地收敛结论，如图 1-1-14 所示。我们在头脑风暴接近尾声，希望得出最后的结论时，常常容易陷入肆意主观地评价和无尽的争论之中，最后可能演变成由"分贝"或

"职位"来投票。六顶思考帽的方法可以很好地避免这种僵局。它是德·波诺博士对自己《水平思考法》理论的一个具体升级。它强调了一个非常简单的概念，只允许思考者在同一时间内只做一件事情。当思考者将信息与创造、逻辑与情感等区分开来时，就不至于陷入混乱拉锯的思考中。每次只戴上任一顶颜色的帽子，代表此时只能以一种特定方式思考。

图 1-1-14　六顶思考帽的核心思考方式

除了选取适用的思考方法，我在这里还想补充强调一个促进集体创意的组织技巧，就是"可视化思考"。一次成功的集体创意，少不了白板和便签纸。建议能用"画"的方式就不用文字的方式沟通表达。这除了可以简单准确地表达和提高沟通效率，也有助于激发他人的创新想法。

创新设计的理论体系有很多。在这里，再介绍另外一个关于创新思维的理论，它是由英国设计研究学会终身成就奖获得者 Nigel Cross 提出的"创造性认知"。他在《设计师式认知》中提到，创意设计是做合适的提案，这一提案不应该只是"灵光一闪"的结果，它应该是建立在"功能需求设计"与"产品结构的形式设计"鸿沟之上的桥梁。随着工作上思考的加深，我越发理解构建所谓桥梁的含义，它不是单向地从功能需求一端定向到形式表现一端（当然我们应该坚持相信内容决定形式），设计不能只从需求推导形式，并仅仅局限于形式中。设计应该能延伸到功能需求设计这一端，思考提供什么服务方式、呈现什么内容，甚至是承担什么社会责任，等等。Nigel Cross 在书中通过代尔夫特口语分析方法分析了设计师工作中的思考过程，指出了可能产生创意的 5 个步骤：组合（Combination）、突变（Mutation）、类推（Analogy）、第一原则（Design From First Principles）和突现（Emergence）。

组合：对已有设计的某些属性的重新组合或排列。比如把面板加包裹的组合得出了托盘的可能性。

突变：对某个已存在设计的特定属性（或几个属性）的修改。可以随机地选择、修改和评估属性，或者由特定的步骤来选择和修改属性。比如考虑到整个平板的不足，就想到升高面板的边缘，形成托盘的概念。突变步骤的发生需要对某个属性不足之处的充分认知。

类推：提取设计中适当的行为特征并以其中的相似性做推导，比如提取包裹"包围"的特性而非"柔韧"的特性来类推到托盘的概念。

第一原则：定义各个不同设计场景的第一原则，并应用它们来产生概念，比如设计一把创意椅子的第一原则是考虑坐姿的人机工程学因素。

突现：察觉隐含在已知设计中的新的特性，比如设计师从图形中识别隐含的功能，从结构中识别出可能的行为和功能。

2 "用户体验设计"的2个概念和3个理念

邹 烨

用户体验设计专家

10年互联网体验设计经验，曾就职于腾讯，
现负责支付宝用户生态体验设计

> 📝 **导语：**
>
> 　　树立产品及运营思维可以帮我们设计师更好地突破职能边界，为最终结果负责。对于一个产品的理解，从产品及运营的角度看应该具备"入口"和"层"的概念。同时做好一个产品，还必须具备"时间感"、"空间感"及"关系意识"。

2.1 产品设计师的重要意识

如果对 App 体验设计师的 T 型能力模型做一个常规定义的话，纵向的一竖代表专业专精程度，包括了用户研究能力、数据分析能力、设计表达能力、设计创新力、专业影响力，等等。而横向的一笔则代表岗位技能以外的职业通用能力，包括了产品和运营的思维、解决问题能力、协同组织能力、管理能力，等等。横向能力的建立，是一个设计师向高阶转型的必备要求，可能是往产品经理方向转型，可能是往设计管理者角色转型。其中，树立产品及运营思维可以帮我们更好地突破职能边界，为最终结果负责。对于一个产品的理解，从产品及运营的角度看应该具备"入口"和"层"的概念。同时做好一个产品，还必须具备"时间感"、"空间感"以及"关系意识"。下面我们展开细谈这些意识对设计的重要性。

2.2 基本概念

2.2.1 "入口"的概念

以我的经验总结，入口的概念一定是每个跟你谈需求的产品经理或运营心目中十分在意的产品要素。产品所在的位置以及触达用户的途径就是入口。入口有几个层次，有页面层级的入口、应用层级的入口、操作系统层级的入口、终端层级的入口如图 1-2-1 所示。

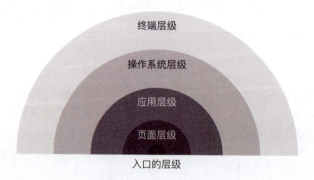

图 1-2-1　入口的层级关系

一个应用内部，入口在"首页"及"首屏"就是顶级入口，因为它会吸收最大的主动流量。进入其他分页（Tab 页）或下一层级页面或下一屏页面，其入口流量一般都会衰减。设计师需要具备"首屏"的意识，尤其在设计例如有唯一操作的表单页（操作按钮应该保证在一屏内展示）、内容类型诸多的内容分发页（最重要的模块保证能在首屏展示，如果不行就要提供往下滚屏的预期）。另外，入口的流量大小存在差异性，一般一个大的流量入口可以为同一页面中其他小的流量入口带来转化。"朋友圈"入口在微信的第三个 Tab，是为了给同一页其他小工具带来用户。

应用间可以相互成为的入口，这个理念在腾讯相关应用中被运用到了极致。微信就是一个最大的流量入口，它搭载了腾讯新闻、腾讯视频、腾讯游戏等内部来源的内容，同时为这些应用带来流量转化。

主流手机系统中设计了桌面应用图标、通知栏（Notification）、桌面小部件（Widget），还有 iOS 特有的 3D Touch 触发的快捷操作菜单等构成了独立应用不同深浅程度的入口。产品的触达需要以立体时空的视角去规划，而不仅仅着眼于打开应用看到的这一层界面。iOS 的 3D Touch 的诞生就是系统为产品提供了一个离用户更近的触达方式。有别于通知栏的状态异动的提醒，3D Touch 旨在提供场景化的快捷功能入口。

脱离移动产品形态而言，手机就只是一个非常普及的"入口"而已，很多前沿的科技公司还在争夺下一代可能替代手机的服务入口，例如智能路由器、智能音箱、手环、智能手表、智能眼镜、智能电视、智能冰箱，等等。

入口越前置，一般意味着越容易触达到用户。入口深度之所以重要，其根本原因取决于人的本性是懒惰的，注意力是容易被打断的，精力是有限的。所以一个人机交互系统需要有主动进入和被动引入的不同层次的入口。"入口"的设计有以下一些基本原则，决定了产品的基础体验。

入口唯一性：一个完善的产品体系下，每个主功能的入口都应该保持唯一性。不宜在不同定义的页面下重复出现入口。虽然说布置多个入口意味着多个流量来源，但极其容易混淆用户的认知心智，也说明产品没有梳理足够清晰的信息架构。

入口稳定性：若入口不稳定，可想而知用户会不断改变业已建立的使用习惯。在规划产品架构时，应该充分考虑到产品当前、中长期甚至终局的方向，保持架构的可成长性。

入口的场景特性：设计合理的入口位置，不会让用户猜测自己需要的某个功能可能在什么位置,更不能与一般常识相违背。在应用主入口之外,另外还有一些入口负责引导用户进入,位置往往比主入口更前置。设置前置的入口,往往意味着要设计"场景"。设计场景时要创造动机,利用好人性中害怕损失、偏好意外收获的心理,可以更好地提升入口转化。

2.2.2 "层"的概念

应用除了"入口",还有一个重要的"层"的概念。"入口"是一个具体的存在,而这里所谓的"层"则是一种意识化的概念,比较抽象,你可以理解为因为某种原因在产品流程中形成了组块与组块之间互不相融的人为分隔。我在这里尝试用不同维度区隔的层来加以阐释这个概念。

产品区隔的层,可以理解为交叉调用不同产品封装能力所形成的人为分隔。比如在一个认购理财产品的应用中,因为个人账户认证的需要,临时跳转到身份认证的封装流程中,待完成后又重新跳回原流程继续完成理财产品认购。又如在一笔完成支付的流程中,要先跳出支付步骤去完成一次绑卡的封装流程。从架构设计的角度,不同的产品需要聚焦在自身的功能价值上,而同时又不可避免地牵扯到相关的产品能力,解耦各个能力是比较理想的设计方式。在设计时,你可能需要关注这些层与层之间的信息承接问题,比如要向用户透露跳出的原因,以及上一层结果如何带入下一层,等等。

体验区隔的层,也是不太容易被关注到的设计意识。在流程中,常见一个页面内的动作点会跳出到一个小分支,这个分支流程还会有同样的动作点进入相同的分支流程,如此无限循环。这种设计模式很有可能发生在从批量信息跳转到单个详情,又有机会从单个详情关联到新的批量信息。这个批量信息中必然可以跳转到单个详情,而单个详情内又带有跳转到批量信息的入口⋯⋯不加设计干预,带来的问题是,当用户返回时,是否要经历之前所跳转的所有步骤。真的要走漫漫不归路吗?程序逻辑上有一个堆栈的概念,堆栈可以叠加也可以替换。因此在设计上应该树立"层"的区隔。以批量信息页为起点,单个详情为终点设定成一个闭环的层。每次起跳一个新的批量信息页,都定义为刷新替换上一个层,进入新的循环。这样返回会变得干净利落,用户不至于再无休止地回溯自己已经不关心的浏览历史了。

技术区隔的层,实质上会要求设计师对技术实现有基本的理解和预判。比如,在某个步骤中,需要 RPC(Remote Procedure Call)向服务器远程调用一些校验结果或数据反馈；而有些逻辑只需要客户端本地实时判断反馈结果。对应的设计处理方式就会不同。例如，你在设计一个发送红包的流程时，填写金额大小是否超限可以通过输入框的写操作行为实时判断，而是否有足够的余额或是否超出了当天的发送限额都需要在发送的当下请求服务端做最后的校验。这就需要设计区分判断时机和反馈触发的方式。再如，在开发的逻辑定义中，某些步骤是非必现流程，只在特定情况下出现，此时你就要考虑把这部分切割出来，不要把它和其他页面糅合在一起。例如在登录时，假设短信验证码是在输入账号和密码后特殊的安全校验步骤，那就建议把短信校验这一步单独成页。

2.3 理念基石

服务设计（Service Design）的提出是计算机技术发展为生活基础的必然产物，它旨在解决系统建设与流程建立之间的脱节和流程建立与客户需求变化之间的脱节，要求设计实践对全局服务要素（流程、系统、技术、员工）和多重角色的体验管理。服务设计要遵从 5 个原则：①以用户为中心（User-centered）；②协同创造（Co-creative）；③有序性（Sequencing）；④适时展现（Evidencing）；⑤整体性（Holistic）。其中有序性，需要注重服务的动态过程，核心意识包括"时间感"和"空间感"，因为里面存在着很多的设计触点。产品体验存在着多种断层的可能，在启动一个产品体验设计时，首先就应该用时间、空间要素去衡量产品的体验特征，抓住主要矛盾。

2.3.1 时间感

假设我们还在评判一张张静态的页面设计得精美与否，那极有可能已经忽略了体验的全局。设计师在洞见设计机会时需要有一种近似叙事的能力，把控整个体验的发展过程。

产品体验的"时间"要素，可以包含几种不同的维度。

典型的一类是用户在产品中呈现的成长规律（一般有探索期、熟练期、懈怠期几个阶段往复循环），这在游戏或游戏化的产品中表现强烈。

某些产品因为产品机制的原因具备明确的固定周期，例如，满足一日三餐需求的外卖产品饿了么，以 24 小时为周期产生绿色能量的蚂蚁森林，每周固定时间开奖的支付宝周周乐产品，以月度为周期的生活缴费，每年清算等级的会员产品等。

某些产品的时间性表现为一个标志性事件上，例如淘宝的"双11"大促。一般进入主事件高潮之前，需要人为设计传播、预热、推高声势的环节。

此外，还有一些产品的时间性比较隐蔽，是由人与人、人与系统协作的异步性带来的，例如，好友间的转账到确认存在的时间差，活动创建者与响应者协同带来的时间差等。

我们要尊重用户在产品中的自然成长规律，分解各阶段用户在认知方式、操作能力和信息处理能力等的差异，有助于更精准地分解体验需求。关注周期性产品在低谷期和高峰期的内容转化。在存在时间差的体验环节做到充分告知，弥补预期落差，顺畅衔接断点。

我们来一起分析下支付宝下的蚂蚁会员周周乐的产品设计。它是一个随机数字卡面对位的抽奖游戏。如图1-2-2所示，它只透出了产品的基础逻辑，即未开奖状态和已开奖状态，应该会有很多用户玩不转。因为周周乐的玩法是全新包装的，除了有过彩票经验的用户，一般用户是缺少相关经验的。同时它又是一个周期性非常强的产品，以一周为循环通过视频直播的方式互联网开奖。这意味着用户在某个时刻进入游戏时，可能得不到即时的游戏结果。用户所处的状态，由全新到初级，再由初级变为资深的过程，在产品上需要做的解释必须演进，如图1-2-3所示。在任意一个时刻进入游戏，用户手上有没有周周乐，本期周周乐是否已经开奖，用户关注的信息都是不同的。

2.3.2 空间感

O2O（Online to Offline）的商业模式为传统行业赢得了数字化革命的机遇，把服务主场景一部分转移到了线上，极大地压缩了消费成本，但体验的空间隔阂依然无法消融。

如果体验起点从线上发端的话，必然会引入一些体验缺失的问题，这便是设计的机会点。我们回顾下大众点评最初的核心产品价值就能明白，它利用了大众评价的方式来弥补线上体验在"味觉""情绪体验"上的缺失，因为只看菜品照片无法得到真切的判断，评价就变向为找人帮你试菜。同样道理，我们要建立一个意识，努力找到空间隔阂究竟会引入哪些体验的缺失，再通过功能和服务体验加以弥补。近来，新兴的线下体验线上买单的模式、借助VR技术完成购物、实体店的智能试衣镜等产品都是围绕这个命题带来的创新。

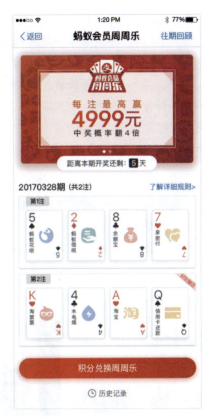 

周周乐_本期未开奖　　　周周乐_本期已开奖

图 1-2-2　蚂蚁会员周周乐的主体设计

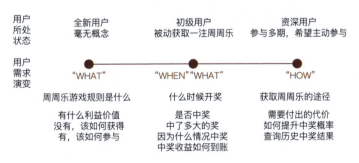

图 1-2-3　以用户发展为线索规划设计

空间问题中,"导引"是重要的设计课题。在线约车服务,我们一定曾经有过这样的经历：被系统派单后，司机一定需要在第一时间跟乘客电话确认下定位，当快到目的地时同样要电话确认乘客是否会准时到达，在到达约车地点时如果没有第一时间彼此确认那么再一次电话沟通在所难免。一次接车任务要进行多达 3 次左右的电话沟通，即便过程中不出任何差池，服务双方已经觉得大费口舌，不可谓不繁复。滴滴出行在帮助司机与乘客按时顺利到达指定地点做了很多设计尝试，以减少沟通成本、节约中间耗时、增加服务双方的满意度。除了让双方能实时看到彼此的精确定位，还会以系统消息的方式建立起一次确认定位的轻量沟通；在乘客端标定了步行指引和建议时间，增加了柔性的约束，减少不必要的电话沟通。

再看一个我曾经在其他书上分享过的医疗服务案例，它在试图解决如何提升院内挂号、问诊、缴费、检查、取药等不同地点切换的效率问题。模拟患者在进入医院后先行挂号，到最后离开医院之间可能经历的各条就医路径。你会发现大多任务都是在得到医嘱后从医生的诊室出发的，并且伴随其后的任务往往都是与"缴费"相关的，如图 1-2-4 所示。

图 1-2-4　院内就医的用户旅程地图分析

找到了"医生诊室"这个关键因素，就可以设想出一个提升空间流转效率的方案：在各科的诊室门口及院内交通枢纽集中布设一体缴费终端。你可以看到为项目实施方提供合理的建议，明确最佳的空间方位来布置缴费终端，也成了设计的一部分，这是服务设计理念带来的转变。

2.3.3　关系意识

关于关系这部分，我更多地想启发设计师们跳出本职的范畴来看看我们究竟需要具备什么思考和理解，才能真正帮到业务。

1. 放宽你的视野

我们在前面探讨了设计师在产品意识建立、设计品质把控、高效协同、创新与平衡等多个方面实践感悟。你或许已经产生了一种强烈的感受，成为一个高阶的设计师得需要具备多么全面的思维意识和精深的专业技能。或许，这些出众的设计师的职业能力已经开始外延到了产品经理、运营、数据分析师、品牌市场专员等很多角色的核心能力。与此同时，他还对用户、需求有着独到的理解和判断。因为只有这样，设计师才能对"问题"有足够准确深入的判断，才会抉择出最适用的方法去解决。的确，在这条专业化、职业化的道路上我们每个设计师都需要为此目标经年累月地锤炼，但同时乐在其中。

设计师对关系的理解可以从产品背后的商业逻辑入手。我们正处于商业规则不断衍变的时代，我们也经历了非常多商业逻辑的变革，从早期的 B2C 模式、免费逻辑、流量变现逻辑，到后来的 B2B2C、C2B、O2O 模式，再到众包模式、共享经济、网红经济、主播模式、知识付费、新零售等风向的兴起，一波又一波的浪潮席卷而下。我们的产品策略和产品价值的产生会被浪潮不断地裹挟向前。这种趋势也决定了你设计的内容以及如何与用户产生连接。

我们常说，颠覆我们的很有可能是来自不同领域的选手。对手很有可能来自其他赛道并猝不及防地弯道超车。浪潮的更替，有时我们可能会无力左右。唯一可以做的就是对商业对趋势保持一种警醒的洞察，让我们的思考与当下及未来产生连接。

2. 先有鸡？先有蛋？

中国的互联网产品有个很特别的现象，就是要把产品做大，往往得具备平台化能力。这和国外的主流产品思维有着天壤之别。产品平台化，通常我们一只手牵着用户，另一只手牵着商户 / 服务提供方（另外还有一些近似的关系类型，例如消费内容的用户与产生内容的用户之间的关系）。这时最大的问题就是应该先让用户进来，还是先引入商户 / 服务提供方？非常像"先有鸡？还是先有蛋？"的逻辑。在没有用户的时候，你具备什么能力可以对商家产生吸引力；在没有商家提供的服务或内容时，用户凭什么沉淀到你的产品中来。这对关系，相辅相成，有时候很难绝对地切分清楚相互的作用。

比如，一个后发的游戏平台，你既没有现成的用户又没有优质开发者。这类产品，是比较重体验的。此时，我们经常会尝试用很小一部分优质内容先孵化出最初的用户规模，再逐渐对商户 / 开发者提升影响力。比如，你可以找到游戏充值这条路径把体验做到极致，把资费降到最低，把续费做到最高，吸引用户并建立选择认知，孵化你的规模。这条成长之路就像微信发展，先通过对用户刚需的满足把自己的流量做到最大，然后通过公众号、小程序等工具赋能商家，用户会自然而然产生更多的服务场景和平台依赖。平台也能滋生更多的商业价值。

但还有一些产品，是比较重服务输出的，例如在线约车类产品，就可以考虑更倾斜于你的服务方。还记得当年多个约车平台还在疯狂补贴扩张规模的阶段，有一个产品倾向于补贴司机，有一个产品倾向于补贴用户。但最终实施的效果对比，补贴司机会更有效果。因为服务提供方的数量和质量对这个服务体系有最大的影响力。

以上是工作多年在设计及产品上的一些思考，不一定全部正确，但希望对你有所启发。

3　从产品体验到服务体验设计

Neo Chou（周航）
腾讯微信支付的高级设计师
财付通、手机 QQ 支付、微信支付等产品相关的交互设计、
用户体验设计和服务设计

> ✎ 导语：
>
> 　　设计的本质就是解决人们日常出现的问题，而在所谓"互联网+"口号大行其道的今天，我们设计师在做 O2O 领域的设计的时候往往只把目光放在了互联网（即线上 Online）本身，而忽略了现实（即线下 Offline），而其实现实才应该是要设计的主体，导致了最终呈现的产品及服务体验出现了断层。那么接下来我将介绍利用服务设计思维如何更好地对 O2O 项目进行设计。

3.1 世界变了，为什么没法只做产品体验设计

我们在做微信支付 O2O 项目设计之前，基本上设计的都是线上的产品。而线上产品设计追求用户体验至上，在保证有良好的可用性基础上，探索一些创新的界面模式，优化产品的功能逻辑等。

而在刚开始做 O2O 项目设计时，也理所当然地认为应该把重点放在线上体验部分。例如，在和某商场合作的项目里，我们花费了大量的时间设计线上购买流程及其他线上常见的玩法（比如秒杀——限时以非常优惠的价格购买商品；好友帮我选——通过微信关系链让好友帮我选比较纠结的两件衣服等）。这些方案入口其实都在线下，线下不像线上有明确的、像 App 那样打开即访问一样的入口，结果方案淹没在现实中并没有什么人注意到。另一方面，由于没考虑到线下实际的库存管理等后台系统，导致实现出来的方案与初衷相距甚远。那么，问题出在哪？

我们关注的核心只是 Online 部分的人机界面，因为我们的产品就只是一个 App，体验越好转化率越高，重复打开的次数也可能越多。而 Online+Offline 服务设计，用户关注的点不止一个，比如手机、店员、物料等，甚至用户接触不到的包括后台内部的系统、物流等更为复杂和多样的媒介（术语称之为触点），用户经历整个服务的体验流程也更长更复杂，成败往往不仅仅决定于 Online 环节。

所以，问题的根本在于，一方面用户在线上和线下场景的割裂导致体验出现许多断层，导致两者缺乏自然的切换和过渡，还导致体验流程无法正常顺利进行到底；另一方面，产品服务缺乏价值基础，单纯为了 O2O 而 O2O，设计浮于表面，商业价值和用户价值都未能深入发掘并且很好地实现。商业价值与用户价值如图 1–3–1 所示。

图 1-3-1　商业价值与用户价值

在这块设计领域已有不少优秀的设计师做出过探索，这块领域称为服务设计。接下来我将通过实际的案例来介绍我们如何利用服务设计的思维和工具方法对O2O项目设计出更好的解决方案。

3.2　服务设计

3.2.1　服务设计的定义

简单来说，服务设计是一种设计思维方式，为人与人一起创造与改善服务的体验。这些体验随着时间的推移发生在不同接触点上。它强调合作以使得共同创造成为可能，让服务变得更加有用、可用、高效、有效和被需要，是全新的、整体性强的、多学科交融的综合领域。

服务设计的关键是"用户为先 + 追踪体验流程 + 涉及所有接触点 + 致力于打造完美的用户体验"。而核心是服务和设计。

3.2.2　有人的地方就有服务！

用设计的方法来优化服务已有几十年的历史，随着经济的发展，服务业占GDP的比重越来越大，且由于互联网逐渐向传统行业渗透而越来越受到重视。英国设计协会是这样定义服务设计的，服务设计是要让为人提供的服务有用、可用、有效率和被需要。

更通俗且更为常见的，对于服务设计的定义是由31Volts服务设计公司做出的——当有两家装修一样、咖啡味道一样、定价也一样的咖啡店相邻开在一起，服务设计就是能让你走进其中一家而不是另一家的设计。

服务遍布在生活的每一个角落，如餐馆、酒店、公共场所、商店、银行、保险公司、文化机构、大学、机场、公共交通……随着社会的发展，人们的消费预期不断提高，使得一些现有的服务设施与服务系统不能满足消费者的需求。毫无疑问，人们从来没有像现在这样关注他们所接受的服务。消费者在售前、售中、售后获得的体验决定着一个品牌和企业的整体品质在消费者心中的地位。消费者可以在几分钟内对他们使用的任何东西——产品及服务，做出评估和比较。在这样的世界里，公司要为它们的行为和所提供的产品承担比以往更多的责任，也要对他们所传递的服务予以特别的关注。

因此，在服务领域，应用设计的技术是十分必要的。这样可以有效地提高品牌和企业的整体形象，使消费者对服务产生更高的满意度。通过品牌知名度和整体品牌形象的提升，更多的商业机遇和投资合作也会随即而来。

另一方面，服务设计能够帮助企业提高服务效率从而节约成本。从生态学的角度来说，服务设计对问题的服务化解决方案减少了有形产品在生产过程中对资源和能源的过度使用。企业能够更好地控制服务所提供的内容，并从中获得更多的回报。

3.2.3 案例拆解——共享停车

这里以一个车位共享项目为例，回顾服务设计的相关概念及设计方法。

随着经济的发展，大中型城市的机动车保有量越来越大，而停车位的建设赶不上车辆的增长。于是，在很多地方停车难的问题越来越严重。但其实，有些车位很紧张的地方（比如商场、景区等），周边有很多小区的业主是不在家的，于是他的车位处于空闲状态。

有的开发者顺应共享经济的大趋势，提出通过把业主的空闲车位共享出来发布到平台上，然后有需要的车主可以通过该平台预订车位，所缴纳的停车费由平台、物业、业主以某种比例分成，如图1-3-2所示。

图1-3-2 共享车位的服务关系图

在开始这个项目的服务设计之前，我们来看看服务设计中常见的几个概念分别在这个服务体系里具体所指——服务提供者：这里提供服务的不只是人，还包括电子或机械系统，所以停车场员工、地推、物业、车位共享平台都是服务提供者；顾客：服务提供者面向的用户、消费者，所以车主和业主都是顾客；利益相关者：服务提供者所属的商业实体相关负责人，所以在这里是指停车场管理者、车位共享平台管理者、物业管理者；触点：顾客与服务提供者之间没有可以接触的媒介，在这里指提供宣传服务的广告牌、停车场道闸等设备以及停车场指示牌、公众号、停车场工作人员以及车位号牌等；服务周期：服务是有时序的、周期性的，所以有前、中、后期，分别是顾客看到广告宣传扫码关注公众号以收藏此服务，需要车位时打开公众号预订车位并驾车前往停放，取车离场并使用手机支付。

服务设计其实本质还是设计思维在复杂服务体系中的运用，所以它的整体设计流程和传统设计基本一致——都是双菱形的结构（如图1-3-3所示），只是具体的设计方法和工具有其独特的地方，关注的点也会更广泛更全面。

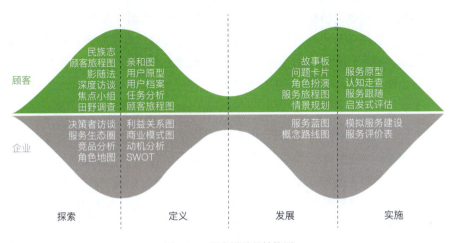

图 1-3-3　服务设计的结构图

1. 探索

发掘可能需要解决的问题领域，而这些问题的视角往往都是从企业自身描述的（只有自身问题才会比较关注，所以才会寻求设计师来解决），然而服务设计和其他设计一样是有UCD（以用户为中心设计）属性的，这就要求我们设计师需要进一步把问题转化成从顾客视角描述的属性。

我们利用竞品分析、决策者访谈等工具尽可能多地了解关于企业自身的状况，深入理解服务整体体系以及企业内外部环境。此外，通过焦点小组、深度访谈等手段对服务面向的顾客也获得翔实的资料。

2. 定义

在这个阶段，我们需要定义设计的机会点，也就是定义要解决的核心问题。在这个项目里，通过对企业相关人员使用服务设计相关工具后发现，企业自身面临的最大问题是用户拉新困难，导致平台用户规模增长较为缓慢。然后，我们利用服务设计里最常用和关键的工具之———顾客旅程图，以顾客的行为流程、步骤以及每个步骤的思考绘制出一副"旅程图"。顾客旅程图能够帮助我们突破业务思维，跳出现有框框，更好地揭露以往可能会忽视的用户痛点。进行化繁为简的视觉化呈现，降低项目团队沟通成本，合理安排好各种服务渠道以及发现衔接缺口避免体验断层。该图绘制方法也比较简单，首先把顾客与服务之间互动较为重要的行为按照时序从左到右画出来，然后根据前一步建立的用户画像写下每个行为步骤背后顾客所想（如果有访谈可以用顾客本身的描述，当然首先要符合用户画像），再根据这些内心活动，对顾客每个行为的情绪进行打分，比如 1 分最低 5 分最高。最后将情绪值作为纵坐标，行为时序作为横坐标，可以绘制出情绪曲线图，可以看到曲线中会包含一些"山谷"和"山峰"一样的结构。图 1-3-4 所示的是基于这样的目标用户画像——想去某地却遭遇车位已满的已关注车位平台车主，绘制的顾客旅程图。

我们看到，在开始使用车位共享服务前有个情绪低谷，而这个也就是阻碍新用户转化的关键之处，所以我们把要解决的问题聚焦在此处。然而，要解决的问题需要进行细化——表面看是顾客忘记使用车位共享平台服务，但往深处挖掘，其实是顾客没有意识到当下这个场景可以使用，进一步地，可以认为顾客没有意识到周边有平台提供的车位。再回想一下，从一开始关注的用户本来就很少，所以即便解决了这个问题，带来的用户数依然还是很少。所以我们放大用户范围，去掉已关注平台的条件，面向全部车位已满想在附近找位子停车的车主。所以，我们最后定义的问题即设计机会点所在——我们如何能够让去到某地附近发现车位已满的车主尽快找到周边空位停车？

图 1-3-4　用户旅程图

3. 发展

针对上一步骤得出的问题,我们设计了这样的一种方案——带有 ibeacon 的路边交通指示立牌,顾客看到后用微信摇一摇,可以快速看到周边附近的空车位,然后可以一键预定专属车位,无须取卡快速入场(视频识别车牌)。设计样式与现在通行的交通立牌相仿,增强信任感。这样的方案与车位共享平台现有获客渠道相比,单个获客成本大大降低,且通过场景即服务的方式第一时间转化用户而无须经历先关注再到后面想起来才使用的环节,大大提升转化率。线下物料设计方案如图 1–3–5 所示。

图 1-3-5　线下物料设计方案

此外,线上环节我们也需要进行优化,让首次使用的用户更加简单和低成本——一键预订推荐的最佳车位(车位靠近入口、可停车时间较长等),点击"免费预订"后显示清晰的导航地图等,如图 1–3–6 所示。

图 1-3-6　线上停车预定车位

4. 实施

在上一步我们有了不错的解决方案后，最后就需要把它们付诸实施真正落地了。由于服务本身往往涉及诸多角色（顾客和前台服务人员等），我们可以利用另一个服务设计里非常重要的工具之一——服务蓝图，来帮助服务提供者清晰了解服务整体的流程以及各个环节的细节以减少沟通成本、方案落地更顺畅以及减少体验断层。服务蓝图在结构上有一点与顾客旅程图一样，也是按照顾客的行为时序来进行从左到右排列的，服务蓝图基本结构如图1-3-7所示。顾客行为与前台服务之间有交互，前台服务与后台服务之间也有交互，但后台服务对顾客而言不可见，支持流程给后台服务甚至前台服务提供系统或流程支持。而新的服务设计方案往往会改变顾客的行为与流程，所以物理实体（即常说的触点）也非常重要，它是顾客产生设计意图的行为的关键所在。

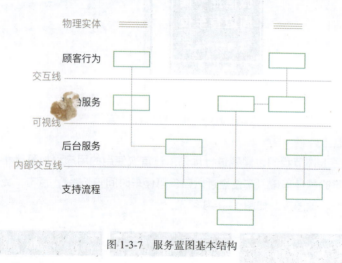

图 1-3-7　服务蓝图基本结构

我们根据摇一摇立牌方案以及相对应线上方案绘制出服务蓝图，如图1-3-8所示。

在输出服务蓝图的时候，最好能让相关利益方和服务提供者一起参与进来，这样能把一些实施细节上的问题快速解决掉并且让整个团队的共识达成一致，落地的时候也会高效顺畅许多，而不是让服务提供者完全被动接受。

最终我们在广州市某医院附近落地了整套方案，取得了不错的反响，有近3成的车主通过摇一摇功能来寻找车位而且还受到媒体的关注。之所以选择医院，是因为有研究报告显示，车主反映停车最困难的地方就是医院，所以痛点场景需求量会更大。现场图如图1-3-9所示。

服务设计蓝图

	产生意愿		预订车位		指引停车			离开
物理触点	医院周边道路	路边可停车区域	路边可停车区域		路上	车场内	车场内	车场外
用户行为	看到路边服务指示立牌	打开微信摇一摇	进入页面一键预定		驾车前往停车场	按照指引停到车位	取车离场	微信缴费
前台服务	微信摇一摇找周边车位提示立牌	ibeacon激活用户的摇一摇周边	展示最近车场的最合适车位		当前位置到目的地地图导航	车位号编号指引物料	公众号推送缴费模板消息	页面内微信支付
后台服务		定期维护ibeacon电池电量	设定车位推荐规则		物业管理必要时提供帮助	定期维护指引物料	定期维护指引物料	
支持流程		推送摇出来的页面URL	推荐最合适的空车位		调用地图API接口	车场内室内定位	计算时间应缴费用	支付系统

图 1-3-8　用户停车服务设计蓝图

图 1-3-9　医院附近车况

5. 循环迭代

在实施之后我们发现，有许多商户和医院类似，车位少甚至没有，但来消费的顾客很多都是开车过来的。如果停车难则会导致顾客流失甚至影响营业额。所以我们继续对方案进行优化，也就是说，服务设计的流程也是有周期性的，也需要不断往复迭代。所以接下来我们把设计机会点重新定义一下——我们如何能够让车主知道某商户在高峰时期是有空车位的？

调整后的服务关系图如图 1-3-10 所示，商户把车位共享服务纳入自己的服务体系内，提供给潜在顾客或者老顾客。对商户而言，增加了一种增值服务可以运营，高峰时期吸引更多回头客，增加顾客满意度等；而对车位共享平台而言，通过痛点场景和商户进行转化，降低了拉新门槛与成本。

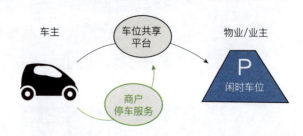

图 1-3-10　调整后的服务关系图

所以服务设计是需要不断周期迭代的，下一次迭代中根据要解决的核心问题的变化而不断创造出新的服务场景和流程。

6. 补充说明

设计过程需要尽可能多地让各种角色（比如利益相关者、服务提供者、顾客等）参与进来，只有这样才能有新的洞见，更精准聚焦到设计机会点，设计出的方案更具实施性。如果设计的服务体验与原有相比变化很大甚至是颠覆性的，可以利用类似原型测试一样的方法——角色扮演来进行测试。服务设计的本质其实是设计思维在服务系统里的应用。

3.3 总结

从以上的例子可以看到，服务设计与传统设计甚至传统的服务思维相比，有诸多的特点和优势，如表 1-3-1 所示。

表 1-3-1 传统设计 VS 服务设计

传统设计		服务设计	
传统服务缺乏对顾客深层需求的挖掘	单向输出	以用户为中心，获得洞察捕获先机	UCD
往往团队内部达成共识即可	角色少	跨学科团队、利益相关者、服务提供者甚至用户卷入流程	合作创新
往往考虑的用户流程局限在使用产品的过程	短流程	按时间排序，规划好服务流程	定序
沟通和协作较困难	不可视性	服务是无形的，需要外显出来沟通协作	外显
产品、交互、视觉设计各自为政，缺乏全局观	单一渠道	服务是系统的、复杂的，需要从宏观层面把握整体体验	全局视角

4　用户参与式设计，如何有效启动用户

商冲晨

烽火通信，用户体验开发部

负责企业级应用终端产品和智能家居硬件产品的用户研究

> 📝 导语：
>
> 用户参与式设计作为引入国内不久的用研方法，很多人还处于探索阶段，没有形成一套成熟的实施流程。在设计过程中常会出现用户无法准确地把设计想法转化成设计界面的窘境。因此，如何启动用户的设计思路，降低用户设计的门槛，引导用户不偏离设计方向，是优化用户参与式设计的关键所在。
>
> 此次，我想通过实际项目案例，分享有效启动用户设计的实操方法：如何找准合适的用户，邀约用户的电访技巧，优化参与式设计流程（前期进行访谈和卡片分类），提供充足的设计元素，以便最大程度地启动用户设计。

4.1 用户参与式设计是什么

1. 概念

用户参与式设计概念,在 1970 年斯堪的纳维亚岛上第一次提出,当时称为协作设计(Co-operative Design)。实际上是将用户和设计团队分为两组分别参与设计过程,但并不是直接合作。该方法在美国运用后,为了把用户和设计团队的关系区别开,改名为参与式设计(Participatory Design)。随着科技的发展,参与式设计逐渐引入软件开发过程中。由于大多数软件是面向终端用户的,整个开发过程需围绕用户展开,因此在开发过程中,设计团队邀请目标用户共同参与设计,在用户设计的过程中了解用户对软件的需求并共同找出解决方法。

用户参与式设计强调用户的参与性,用户不再是被动地接受访问和选择已有的方案,而是把自己当作团队的一分子,在设计师的引导下,真正地进行设计。通过产品设计过程,设计团队也可以充分了解用户的真实需求和期待。

2. 形式

常见的用户参与式设计有一对一用户设计、焦点小组式用户设计、征集用户设计方案三种方式。前两种方式比较类似,都需要用户研究人员与用户当面交流,启发、引导、全程陪同用户进行设计。而征集用户设计方案是指产品人员通过说明产品设计目的和要求(比如征集闪屏设计稿),最后直接收集设计方案。这种方法收集的设计方案只能看到最终设计稿,而不能获取用户设计过程中的思路和想法,多用于品牌设计、运营设计。此次,我主要论述"焦点小组式用户设计"。

3. 适用范围

用户参与式设计的目的并不是获取用户的最终设计方案,直接拿来使用,而是通过用户参与式设计,观察用户的思考过程,关注维度。探测用户对该产品(或该界面)的理解和需求,从而更好地理解用户的认知过程及其背后的原因。

因此,用户参与式设计特别适用于产品初期或重大改版期。在需求分析、信息架构、交互设计阶段,通过用户参与式设计,梳理用户对产品功能的理解、认知逻辑,真正做到以用户为中心。

4.2 有效启动用户的重要性

用户参与式设计相对于访谈、问卷、可用性测试而言，对用户的脑力要求更高。访谈、问卷、可用性测试是用户被动地说，被动地做。而用户参与式设计，需要用户主动思考，动手设计，这需要耗费用户大量脑力。

用户参与式设计作为一个流入国内不久的用研方法，很多人还处于尝试阶段，没有一个成熟的实施流程。在活动的过程中会出现用户不知道如何设计的窘境。因为用户常缺乏专业设计背景，难以准确地将想法转化成具体界面设计。

因此，用研人员如何能启发用户设计的灵感，通过引导降低用户设计的门槛，尤为重要。而启动用户设计的过程，需要用研人员不断总结技巧方法。本章节根据平时工作中所做的用户参与式设计项目，对有效启动用户参与式设计的实战方法技巧作以分享。

4.3 有效启动用户设计之"招募与邀约用户"

由于用户参与式设计需要用户耗费大量脑力，故在招募用户时，需对用户要有一定的要求。

1. 用户条件

1) 深度用户

对产品进行创造性参与式设计，需要用户对该产品有深刻的理解。用户使用产品（或竞品）的时间较长，使用频率较高，使用功能较多，并且认为产品存在问题，则他对产品的认知会更全面、深刻，对产品设计更有热情。用户设计时，更能全局思考，避免偏颇。

招募用户时，需根据前期用户画像结果，制定参与式设计需要覆盖的各类典型用户。在甄别用户时，了解各类用户的使用行为，或从后台数据查看用户真实行为，检验其是否是深度用户。

2) 思维活跃，对产品优化有见地的用户

用户参与式设计是一个主动建构产品的过程，需要用户不断开动脑筋，边想边做，因此需招募思维活跃的用户。同时，在用户参与式设计过程中，需要用户主动表达对产品的理解、诉求和期待。因此，善于表达，对产品优化有思考见地，才能更有效地通过设计来表达想法。

在甄别用户电话访谈中，可询问用户对本产品的使用感受、痛点和产品建议。在双方交流中，可以评估用户的思维活跃度、表达能力，从而筛选出主动表达意愿强、语言表达能力强、思维敏捷的用户。

2. 邀约用户

在邀约用户时，可以提前告知用户本次活动的内容和形式，给用户以心理准备。建议用户提前"备课"，梳理其对产品的使用痛点及优化建议。用户带着想法和建议来参与设计，能提高在场设计的效率。

用研人员在邀约用户时进行了由浅入深的访谈，不仅能初步判定用户的表达能力、思维活跃度，还能对用户的痛点、建议有一个基本把控。同时，用户在电话访谈中，不仅能梳理对产品的想法和思路，还能在结束电话访谈后，进一步思考产品问题，这有利于用户设计思路的整理和形成。

4.4 有效启动用户设计之"设计过程"

1. 提供设计思路

用研主持人提供设计思路（如图 1-4-1 所示），以启发用户进行首页设计。首先，根据卡片分类结果，确定"首页"模块，思考其属性。不同属性的首页，具有其特定的设计风格特点。接着，参考卡片分类结果，确定首页需包含的元素（子功能）。最后，可根据主持人提供的设计素材进行首页设计。在设计过程中，需考虑首页的易用性。接下来，便进入具体的设计操作环节。

图 1-4-1　用户设计"首页"的思路启发（摘自用户参与式设计活动脚本）

2. 提供设计素材

为了给用户提供设计灵感，降低设计门槛，用研人员会准备充足的设计素材。一般这些材料可能是剪刀、便签、笔之类手工课上常见的工具，也有和界面有关的纸面模型、设计元素，如图 1-4-2 所示。素材需适用于没有专业背景和各年龄层用户。

图 1-4-2　用户设计素材

1）提供充足的设计元素

普通用户一般没有专业设计背景，对于平时手机上看到的功能图标只知道大概长什么样，只有一个模糊的认知。当没有提示时，很难主动回忆起具体的设计元素。因此用研人员需提供可能会用到的设计元素材料（如图 1-4-3 所示，1：banner；2：feeds 信息流；3：卡片模块；4：快捷入口，等等）。

为了便于用户理解这些设计元素素材，用研人员可对照市面上常用 App，结合实际界面，逐一讲解这些元素。介绍各功能模块的含义和一般使用条件，帮助用户理解。

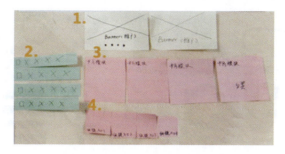

图 1-4-3　提供的设计元素（部分）

设计元素需要前期专业人员的讲解。在讲解的过程中，容易使用户的设计思路形成固定模式，因此需注意引导的语言不要包括个人主观观点。

2）实际产品界面素材

有时用户难以准确表达自己想如何设计某个功能点。为了帮助用户更准确地表达设计想法，用研人员可以准备一些不同类型的产品客户端界面，并打印下来。当用户遇到设计瓶颈时，可从实际的产品客户端界面上寻找灵感，让用户剪下想引用的设计元素，并用到自己的产品设计中。提供的实际产品客户端界面需尽量多样，覆盖不同类型的产品，否则容易局限用户的设计思维，如图 1-4-4 所示。本方式建议只在用户觉得难以设计和遇到瓶颈的时候使用。

3）Plastic icon

Plastic icon 是指用图标表示的一些 App 界面上普遍使用的功能 icon，如图 1-4-5 所示，里面包含了常用手势（如向左滑、向右滑）、常用功能（如删除、搜索）和常用图标（菜单栏、帮助）。用户通过使用其他软件所看到的相似图标和经验，可以更好地梳理自己设计中的功能呈现方式。

用户设计

思路：
- 首个Tab的属性？
- 用户想看什么内容？想用什么功能？
- 如何更易用？
- 如何当作真实用户，先满足你的要求

参考元素：
- Banner（推广广告）
- Tab（顶部、底部）
- 搜索入口
- 快捷入口
- 菜单
- 卡片化/版块化
- 信息流
- 上下滑
- 左右滑

图 1-4-4　用户设计思路与参考元素启发（摘自用户参与式设计活动脚本）

图 1-4-5　Plastic icon

4)手机模型纸

用户面对一张空白的纸,往往不知道从何下手来设计。为了打破用户刚开始时的畏惧和紧张心理,可以准备印有手机模型的纸(如图 1-4-6 所示),作为用户设计的起始界面。

这样用户面对的不再是一张空白的纸,通过手机纸模界面,唤醒用户的设计目标,让用户联想到平时使用手机软件的体验。用户在手机模型的基础上进行设计,相比于在白纸上剪剪贴贴,设计环境会更加专业,能将用户迅速带入到移动客户端设计师的角色中。

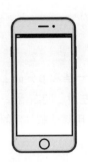

图 1-4-6　手机纸模

4.5　有效启动用户设计之"前期启动"

在设计前期,需让用户做一系列"启动"工作:首先,让用户明确需要设计的界面其属性是什么,第二,确定该界面所必备哪些元素(即功能、内容),第三,如何设计能让该界面更易用。

我们以 YQ 产品（企业级移动客户端）用户参与式设计"首页"项目为例，阐述用户设计"前期启动"工作的实操细节。项目背景如下：产品需做一次大改版，不仅增加了新模块、新功能，还需对产品信息架构和"首页"重新改版设计。项目组在首页设计时存在分歧。因此，设计师需要把控用户的实际需求，有理有据地进行设计，故启动了用户参与式设计"首页"的用研项目。

产品的"首页"设计，涉及产品整体的信息架构布局。首先需确定产品底部 Tab 功能，进而确定底部第一个 Tab，从而对首个 Tab 界面（首页）进行设计。因此，在用户设计前期，需让用户梳理其对各模块、各子功能的理解和从属关系认知，帮助用户确定首页的属性、必备元素（子内容和子功能）。这一步可通过"卡片分类"的方法完成。

然而，为保证用户"卡片分类"结果的信度和效度，需让用户对产品各模块、各子功能的理解和需求有正确的认知。在"卡片分类"前期，可通过访谈用户使用产品的真实行为、场景和感受，来有效启动用户对各功能模块的需求优先级判断。

因此，在用户设计前期，我们增加了两个环节——产品使用情况访谈和卡片分类，以有效启动用户设计如图 1-4-7 所示。下面以用户参与式设计首页项目为例，对有效启动用户参与式设计的实战技巧作以论述。

图 1-4-7　用户设计前期启动环节（访谈和卡片分类）现场

1. 产品使用情况访谈

用研人员询问用户与产品的日常使用连接触点，了解用户的使用场景和行为，从而唤起用户对产品的真实使用需求。同时，在阐述各使用连接触点时，分析使用中的优点和痛点，以启动后续参与式设计的思路和方向。产品使用情况访谈提纲如图 1-4-8 所示。

图 1-4-8　产品使用情况访谈提纲

为了帮助用户理解该任务，主持人首先进行了示范，创建了自己一天会使用产品的时间轴，如图 1-4-9 所示。接着鼓励用户根据日常实际使用情况，绘制自己在每个时间节点使用产品的功能和内容，以便收集用户的真实需求。

我与YQ的日常：

U1:
起床　　　上班　　　　午休　　　　下班　　　　睡前
查看圈子消息　签到　　资讯、活动　签到　　　　资讯

U2:
起床　　　上班　　　　午休　　　　下班　　　　睡前
资讯　　　圈聊　　　　悠视　　　　活动

U3:
起床　　　上班　　　　午休　　　　下班　　　　睡前
查看资讯推送　签到　网页版圈聊　取菜　签到　活动，盒子

U4:
起床　　　上班　　　　午休　　　　下班　　　　睡前
资讯　　　签到　　　　菜谱　　签到（加班only）　资讯、悠视

U5:
起床　　　上班　　　　午休　　　　下班　　　　睡前
圈子　　　签到　　　　网页版圈聊　　　　　　　悠视

U6:
起床　　　上班　　　　午休　　　　下班　　　　睡前
资讯　　　签到　　　　菜谱　　活动　班车查询　资讯　圈聊

图 1-4-9　产品使用触点

此部分最后一个问题："用一个人物来形容产品，你觉得它是谁？你理想中的产品，是谁？"这个问题旨在了解用户对目前以及期待中的产品整体感知及产品风格。一方面能帮助用户梳理对产品设计和功能上的认知，同时也有利于设计师把控用户对产品设计风格的期待。

2. 卡片分类

接下来，用研人员邀请用户对重要模块卡片进行优先级"排序"（也允许"包含"归类）。在上一访谈环节，用户梳理了产品使用场景和行为，有效启动了用户对产品各功能模块的理解和需求强弱层次。因此，用户完成模块卡片排序任务时，会感到更为轻松。

卡片分类环节分为 3 步：卡片理解（针对新增功能模块的卡片）、卡片排序（针对大模块的卡片）和卡片分类（针对子功能的卡片）。

首先，在用研主持人的引导下，6 名用户分别阐述自己对新增模块（卡片）的理解和需求程度评价。讲述完后，用研人员解释了新增模块的真正功能作用，以便让所有用户的理解达到统一。

然后，6 名用户对各大模块卡片进行"排序"（也允许"包含"归类）。这个过程能有效帮助用户梳理功能需求层次和排序的逻辑思路。排序完成后，用户逐一讲述排序理由，让设计师了解用户卡片排序背后的原因。

接着，请用户对各个子功能卡片进行归类。将子功能归入上述各大模块，并阐述归类理由。这一过程能帮助用户理清对各子功能、模块的理解认知和逻辑，形成初步的产品信息架构。

最后，请用户选定一个大的模块作为产品的"首页"，并确定"首页"需具备的元素（子功能）。这一过程，决定了之后用户对产品首页的设计内容和方向。

用户卡片分类结果如图 1-4-10 所示。4 名用户将资讯作为第一重要的功能模块，因此在首页设计中，资讯成为首页设计的主要内容，且用户设计大功能导航栏的顺序也遵循了卡片分类的优先级顺序。通过卡片分类，用户能梳理清对产品各功能模块的认知理解和需求层级，初步构建了产品的理想信息架构。这个思考过程能有效启动用户对首页的设计。

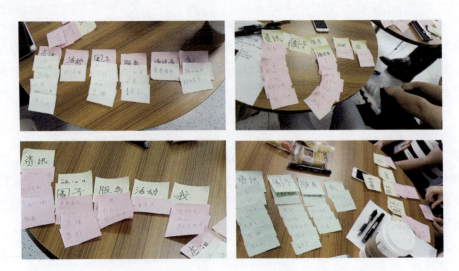

图 1-4-10　用户卡片分类结果示例

4.6　总结

　　用户参与式设计强调用户的参与性，用户不再是被动地接受访问，而是把自己当作团队成员，在设计师的引导下，进行真正的产品设计。该过程，强调用户对产品的主动性。在用户设计过程中，通过询问用户当时的所思所想，设计团队可以充分了解用户的真实需求和期待。

　　用户参与式设计作为一个引入国内不久的用研方法，很多人还处于探索阶段，没有形成一套成熟的实施流程模板。在活动的过程中常会出现用户不知道如何设计的窘境，因为大多数用户缺乏设计专业背景，无法准确地把自己的想法设计成具体功能界面。而如何调动用户的积极性，启动用户的设计思路，降低用户的设计门槛，引导用户不偏离大的设计方向以及能把控设计进度，是优化用户参与式设计的关键所在。目前可以通过找准合适的用户，提前告知活动内容和形式，优化参与式设计流程（前期进行访谈和卡片分类），以及提供充足的设计元素来最大程度地启动用户。然而，本文所介绍的实操方法，仍存在不足。如提供的设计元素和竞品界面元素有限，从而限制用户设计等。未来，可以在上述维度上，继续探索启动用户设计的技巧和方法。在实践中不断尝试，总结经验。

5 加速体验"快"感
——交互组件优化原则

张 贝

腾讯金融科技市场部设计中心负责人

> **导语:**
>
> 何为体验设计的"快"感?很多时候,一个令人抓狂的操作体验给用户带来的不仅仅是口碑影响,而是对产品设计者能力的质疑。
>
> 本篇作者张贝曾负责手机 QQ 钱包及微信钱包海外版、QQ 音乐全平台体验设计等工作,专注于多平台体验设计及社会化、弱数据化、情感化设计方面打造触动用户的产品,在引用产品的个性化推荐和社交化体验方面推动了多种设计尝试。

先来一起看一个输入密码的小案例：日常生活中，"我"的密码组成形式为 12345+abc（后缀），为了在不同场合下区分密码级别，我有时候用 12345，有时候用 12345+abc，或者其他，那么问题就来了，在某邮箱的登录页面中出现了这样的体验，如图 1-5-1 所示。

图 1-5-1　邮箱登录体验

虽然登录操作不会频繁地在日常生活中出现，但是一旦出现问题的时候，我作为一个资深用户都被误导了几个圈子导致最终抓狂，更何况是普通用户。

如果我们改变一下思路，多点细节思考，少点自作聪明，同时也为了稳定个人情绪，继续设计师这份很有前途的工作，做些改变，如图 1-5-2 所示。

图 1-5-2　邮箱登录设计

改良后的方案虽然在错误输入密码后用户需要重新输入，但由于主动清空了密码，将用户的记忆初始化，没有错误的"继续输入"反馈，所以不会产生体验中断的问题，也避免了一些不良分子试错摸索密码的可能性，从而减少了试错成本，这是替用户减少错误暗示的设计方向和案例。

我们再看一个比较好的例子，虽然经常见，但并不是在所有产品上都能看到，来自 Instagram 的登录 / 注册页面，如图 1-5-3 所示。

图 1-5-3　Instagram 的登录 / 注册页面

这样的登录体验减少了用户操作，记忆了输入位置，避免了焦点流失，不失为表单组件设计的业界良心之作。

我们日常接触到的很多交互组件及其操作体验都有很大的改进空间，而交互体验的基础是各类组件，接下来介绍一下交互组件及其演化因素。

5.1　什么是交互组件

交互体验组件，通常简称为交互组件，是由基础操作控件通过合理组合和布局形成的，具有明确引导和自说明的体验特点。交互组件示例如图 1-5-4 所示。

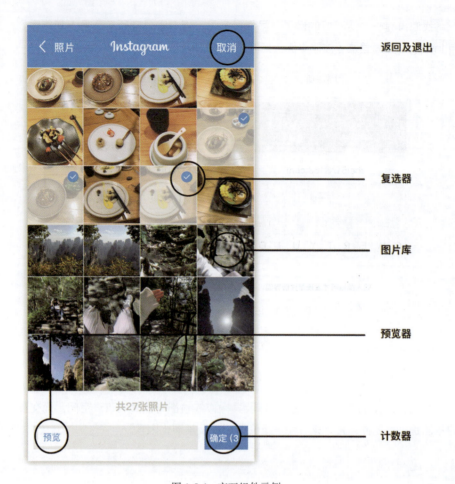

图 1-5-4 交互组件示例

5.2 交互组件的演化因素是什么

这得从符号学说起，我们日常接触的界面交互控件脱胎于传统器械控制器及其人机界面，其中包含着丰富的指向、控制、安全、反馈、语义、情感、任务等体验模型，在极度精简后，抽象成了现在常见的软件界面交互控件。

有人会说："一个开关有什么好变来变去的！"但事实证明，即使是同样一个"开关"控制器，在不同的因素影响下，其操作和意义都发生了很多演化，如图1-5-5所示。

图 1-5-5 "开关"控制器及其演化

5.2.1 文化影响

在中文语境中,开关分别表示"疏通和阻止"的意思。

在英文语境中,开关更多表现为"切换—Switch",或代表"双态切换—On-Off",并且不同的"开关"操作都对应着不同的动词和介词,例如

- 打开　　　turn on/off
- 切换　　　switch on/off
- 开启关闭　shut down/start up

总而言之,表意虽然类似,但可以发现在近代至现代产品发展过程中,英文语境下的符号文化明显占了上风,"舶来"的标示比比皆是,传播广度和深度都远远超过本民族的符号,这种情况下,贸然赋予指示符号于新的表现形式,必然会遭到用户的抵触和不解,示例,如图 1-5-6 所示。

至于现在满目疮痍的安卓端定制桌面,设计师们都快忘记老师教的符号学原则了吗?主题桌面 icon 识别都堪忧,遑论美感,示例如图 1-5-7 所示。

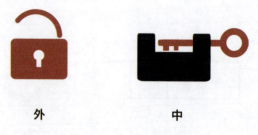

图 1-5-6　中外开关指标符

图 1-5-7　主题桌面 icon 设计示例

暂且不提二三线城市的用户，那我们先想想，我们的父母可能连浏览器的 icon 都不怎么认识，我们直接给他一朵"云"，他可能不太理解。地球仪的 icon 在他们的认知中，还是有浏览器的意思的，如图 1-5-8 所示。

5.2.2　转义影响

这里所说的转义，是指解释实物界面是如何转变形象和表意从而变成互联网产品常见的交互控件的。

目前我们常见的交互组件基本上都来自实物产品的外观及体验转义，但也不排除某些特殊形式，比如弹框，在现实生活中，你在丢弃一个废纸团的时候，并没有牌子突然出现在你面前问你"确定要扔吗",如图 1-5-9 所示。

图 1-5-8　地球仪的 icon

图 1-5-9　提示

不同的转义场景可以造成不同的表现形式,为了更好地服务自己的产品,设计师在设计交互组件的时候,会更加偏向某个倡导的理解指示方向。

例如,表单的填写最初来自银行及各类登记表格的体验,根据不同的操作和安全要求,表单在互联网上表现为几种形式,如图 1-5-10 所示。

- 操作表单　　　　● 输入表单　　　　● 展示表单

● 选项表单　　　　● 备注表单

图 1-5-10　表单在互联网上的表现形式

5.3 用户影响

任何交互组件都是直面用户的,并与用户的行为产生交互。交互设计也影响了用户行为,所以根据用户的熟练程度、目标等级、知识水平、学习能力、性别差异、文化传统、习惯沉淀等因素,交互组件都需要灵活调整,以达到最高的可用性和可视性要求。

用户影响直接体现在组件的易用性和安全性上,针对不同产品,我们都秉承以下原则来设计:一张一弛,一紧一松。有时候要牺牲易用性来达成安全性要求,记得大学课堂上老师经常会举以下例子来说明:如何降低机床冲压过程中压到自己手指的概率?一般的解决方案基本上都是增加安全遮罩,或者增加智能阻断装置,又或者遥控操作等,但一来成本要求高,二来降低了人参与工作的灵活性,反而是最简单的措施才是最为实用和有效的——让工人双手同时按下冲压开关,如图1-5-11所示。

图 1-5-11 机床冲压

说回互联网产品,特别是金融支付类产品设计,"易用""安全"这两个原则对于用户来说尤其感受深刻。如何平衡需求和引导用户,可以说是在刀尖上跳舞。

用一个常见的支付方式选择组件作为实例。

如图1-5-12所示,我们经常在微信中用到支付方式选择弹层组件,对此也习以为常了,但这并不意味着这种弹层方式是万无一失并且最为简便的体验,在多个弹层出现(例如报错)的时候,弹层会让用户"必须"选择一次,而不会出现用户可控的"取消"或"返回",即原路来,原路回的选项,所以用户可能会点击原生的"返回"按钮(实体按键)等导致支付流程中断,所以在后期的优化中我们可以明显看到设计团队在弹层上增加了"返回"按钮。

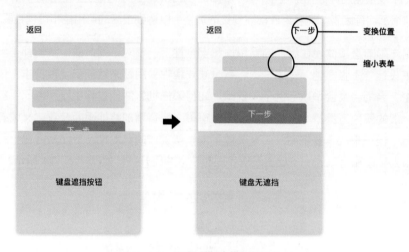

图 1-5-12　支付方式中的弹层组件

如果要优化一个交互组件,我们都认同的一点是:肯定要结合实际产品和实际的用户场景来具体考虑。但是,这其中是否有些原则需要去着重注意并加以逆向思考检验呢?

5.4　原则从哪里来

对于交互设计方法,按照解决问题的对象和行为可大致分为两类,即以目标(结果)为导向的交互设计,以任务(行为)为导向的交互设计。针对不同的产品,首先要区分产品体验倾向于哪个方向,再以此来具体改进并优化已有的产品体验。

在招聘设计师时,面试人员经常会问:"你常用的交互设计方法有哪些?"很多设计师答非所问,往往会简单理解为问的是流程,于是把他们处理需求的流程说一遍,说完自己都觉得跑偏了。而作为设计师,工作了较长时间,我们是否真正掌握了一些设计方法,还是一直靠熟悉的经验或者套路来依葫芦画瓢?当然,肯定是有一些常用的交互设计方法的,如果说不出来,那其实就是因为自己没有很好地进行总结和归纳。

在这里,身为设计师的你,又常用哪些方法来解决问题呢?

交互设计的方法总结起来其实也就是那么几个非常简单甚至无聊的词汇,如图 1-5-13 所示。起码在我看来,方法就应该是直接能拿来用的,而不是一个个系统理论。

这些词汇,就是我们最经常用到的交互设计方法,根据不同的用户场景,组合不同的方法去解决所有的体验问题,这些方法也是本文要探讨的如何改进交互组件所依靠的依据。

图 1-5-13　交互设计方法词汇

5.4.1　快感加速原则A:可视化

可视化原则的主旨在于减少用户思考成本,达成更加直观、系统化地理解统计数据、操作方式、关键路径等目的。

如今,个体用户接触的数据量和知识量呈爆炸式增长,更加需要设计师在各个平台上达成最优的可视化设计方案。可视化优化的工作主要集中在符号指示、分类、标签化、随动反馈、组合等方面,最终目的是形成一个清晰简单、具形有趣的交互组件。

在 QQ 音乐的个人听歌喜好可视化方案呈现上,相较于枯燥无趣和海量的数据描述,我们尝试创造了一种新的描述方式和新的交互组件方案,如图 1-5-14 所示。

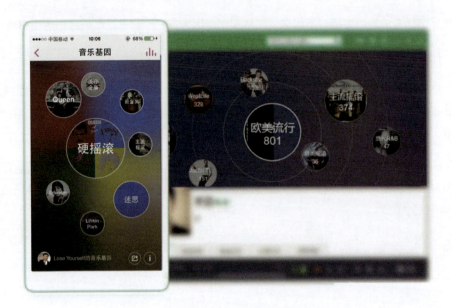

图 1-5-14　QQ 音乐个人听歌喜好可视化方案呈现

　　将用户的听歌喜好直观化为不同大小的、最近收听的歌曲封面或者心情颜色标签，并用统一的描述名词给予用户不同呈现总结，同时控制了用户喜好的数量和发散性，较为规整地纳入整个 QQ 音乐评价体系。在视觉呈现上，融合了以用户为中心的方案布局，动态旋转的标签给予用户操作及滑动心理暗示，形成了一个较为直观、整体的可视化组件方案。

5.4.2　快感加速原则B：必要指示

　　必要指示作为指示组控件的改进措施，包含必要强度指示和可用性指示两方面，其主旨在于解决用户概念模糊、印象混淆、似是而非、学习成本高等体验问题。

　　经常有合作的上下游产品开发者，甚至包括视觉设计师会提出一些问题，例如：这个报错提醒会不会太"强"了？不好看啊？这样的 Tab 是不是已经足够了，颜色会不会太多啊？这个编辑按钮是不是可以拿掉，用户不会去经常点击的吧？诸如此类问题，其实往往涉及一些关键性体验问题，即对指示及引导的强度问题和可用性问题的混淆。

　　让我们先来了解一下交互组件中强度和可用性，如图 1–5–15 所示。

图 1-5-15　强度和可用性

简单来说，不具备强度的交互组件只能凑合用，不具备可用性的交互组件却是不能用的！

对于必要指示原则来说，应用的场景通常集中在解决报错、二次确认、资格鉴定、沉浸操作等方面，所以此类交互组件的优化思路主要是集中解决实用性问题，适当地在视觉指示、动画引导、临态页面方面加强引导，在视觉装饰、路径自由度、多选操作、用户自定义方面减弱引导。

强度指示改进示例，如图 1-5-16 所示。

可用性指示改进示例，如图 1-5-17 所示。

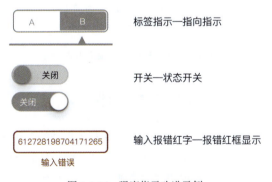

图 1-5-16　强度指示改进示例

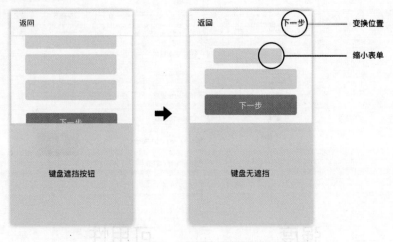

图 1-5-17　可用性指示改进示例

5.4.3　快感加速原则C：自然语义

自然语义原则是最为直接的一种创新优化思路，完全秉承用户的行为习惯和贴近用户思维，可以获得出其不意的效果和有趣直观的产品印象。

这个思路最为生动的例子，不是我们的任何产品，却是我们都曾经用过的最多的表单——"完形填空"，如图 1-5-18 所示。

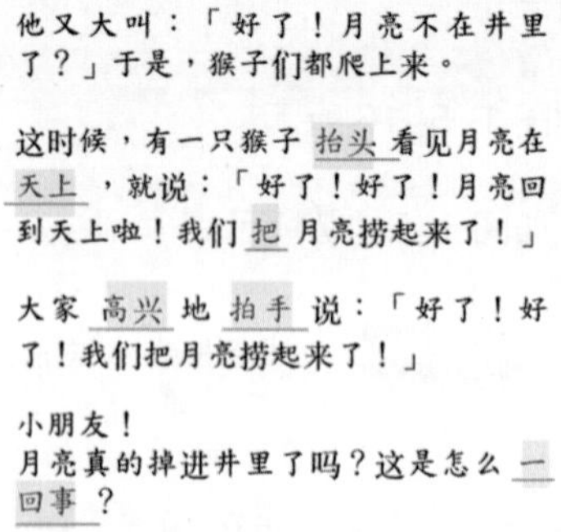

图 1-5-18　完形填空

"下意识"这个词对于设计师和用户来说都是最为重要的一种直觉，不假思索的操作体验才是我们所追求的。要达到自然而然的理解与传达，最为重要的是不去改变和扭曲用户的自然行为方式，那么如何不把事情想复杂呢？建议从走近用户开始，下面以一个简单的推导展示"贴近用户就是贴近自己"，如图 1-5-19 所示。

图 1-5-19　推导

玩笑归玩笑，但很多时候，我们不明白，拥有用户不等于了解用户。与传统设计思想相反的是，了解并且告诉用户"能干什么"其实比了解用户"想干什么"更为直接，示例如图 1-5-20 所示。

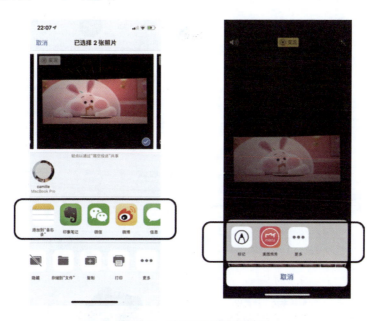

图 1-5-20　贴近用户的设计示例

从这个例子中可以发现，产品导向和体验（交互）导向完全不冲突，甚至是最为和谐的。用户想要对一幅图片进行磨皮，此时首先应在相册的 actionsheet 中告诉用户能用到哪些产品和功能，其次在用户选择（比如修图软件）之后再唤起修图选项，而不是眼巴巴地看着用户跑到修图软件中再选择相册图片，徒增时间成本。

直觉思维结合自然语义的设计方法，在用户引导中非常适用，因为用户在接触到一个新产品或者新概念的时候，与其费半天劲画卡通娃娃再用箭头指来指去，还不如让用户自己在心里念一遍就好了，例如，在工作中碰到的"包红包"或者"AA"收款的例子，如图1-5-21所示。孰优孰劣，孰简孰繁，一目了然。

5.4.4　快感加速原则D：焦点原则

焦点原则指的是体验过程中用户视觉焦点和理解力焦点具有集中、稳定、明确、及时的特点。

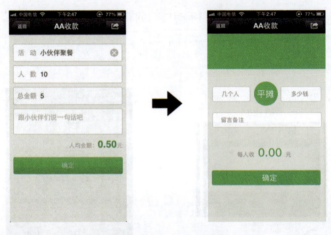

图1-5-21　"AA"收款

没有焦点的案例如图1-5-22所示。

图1-5-22　没有焦点的设计案例

这里，视觉焦点指的是用户视线及注意力之于内容的分布区域，而理解力焦点指的是文案语义指示的传达要贴切、容易理解，不会误导用户，即常说的"用户预期"正确。

例如，用户去酒店登记并拿了房卡，到房间后把房卡插到插槽里，接下来什么才是用户的预期呢？灯会亮？嘀一声？主动按开关？

如图 1-5-23 所示，按照用户的操作来看，似乎灯会亮才是用户的理解力焦点即"预期"，但其实"滴一声"才是用户此时的预期，因为刚才在开门刷卡的时候已经滴了一声了，用户已经被教育过一次了，这张卡片产生的反馈也被继承了，所以说与预期不符，焦点被转移了。这样看来，插卡，一个简单动作，可以拆解为：

- 灯会亮——焦点转移（过早预期）；
- 主动按开关——焦点消失（预期中断）。

视觉焦点的转移则更为常见，究其原因，很多时候是因为设计师并不能够完全、万能地转化自身的角色，从而很难获取各类用户的第一直觉，为了弥补这类劣势，只能广泛地体验各类产品，从而吸取教训和汲取优点。

在一次使用 QQ 音乐搜索框的时候，我意外地发现，鼠标点击后搜索框突然变长了，如图 1-5-24 所示，这让我感到吃惊，定下神来，才发现鼠标和我点击的位置偏移了很多。这在移动端的交互组件中很常见，但问题恰恰出现在 PC 端，所以在 PC 端上此类交互设计会导致用户的鼠标飘来飘去，增加直觉体验成本。

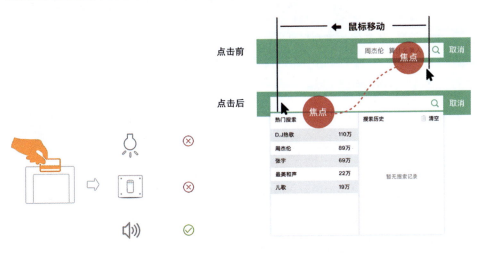

图 1-5-23　房卡插入插槽后用户的预期　　　　图 1-5-24　QQ 音乐搜索框

5.4.5 快感加速原则E：适度原则

适度原则指的是在产品设计中，涉及用户教育、任务层级、引导设计、目标深度等程度性体验问题时，应当适可而止。

任何事情都要讲究个度，写文章也是，唠叨太多会让人烦，快感持续太长时间也会让人受不了。

我们在很多时候忽视了体验快感的最重要的层面，即用户的主动性体验。主动性体验包含用户可控制和可支配的体验流程与时空，最直观的例子就是理发办会员卡和商场导购这类体验，如图 1-5-25 所示。

图 1-5-25　适度原则示例

这类"烦"的感觉就是在产品设计时忽视了适可而止的原则，我们经常会听到产品经理这样描述："这个按钮中的这种颜色太强，应填充红色，能不能再让它抖动一下？"这就是所谓的做强手段。

其实解决"强弱"这样的问题，需要设计师（尤其是交互设计师）充分把握适度原则，设计师应该掌握这样一个概念，即"不强即弱"。

这句话看起来像是句废话，但它传达出一个原则，即"设计师需要充分平衡产品功能，需要考虑不同场景下用户的理解力和引导强度，给用户充分的理解自由度和舒适感。"

这里不谈产品概念和模式等大道理，让我们看看在一个音乐播放器列表中如何处理强弱的交互体验。

假定"下载歌曲"是需要做强的一个功能,而现实中,在手机上减少流量消耗的需求也是真实存在的,那么真地需要把下载歌曲这个按钮做得越大越好吗?

如图 1-5-26 所示,可以看到,在图中"下载全部"按钮已经足够大了,它是否已经超出了适度原则了呢?

图 1-5-26　下载歌曲功能呈现

从视觉上来说,在大屏幕手机上它可能看起来还行,但是换一个小屏幕手机,这样的设计就会对浏览列表产生很大的干扰。而且对于用户来说,一个陌生的歌单,并不是一上来就要下载的,况且在 WiFi 环境中,下载全部歌曲可以替用户节省手机流量,因此它不是用户的真实痛点,用户需要的其实是下载喜欢的歌曲,并不想浪费宝贵的手机空间来随意使用下载功能。

从上面分析来看,这个按钮在视觉引导和用户需求上已经超出了适度原则。

那么如何解决这个问题呢?我们可以使用"不强即弱"的思路来试着改进设计方案,即增加判断用户"是否喜欢"的动作来触发下载提醒,设计一个让用户觉得更为自然的动作(如收藏歌单)来和"下载歌曲"按钮并列显示,而非刻意弱化"下载歌曲"按钮,如图 1-5-27 所示。

图 1-5-27 适度原则的应用

5.4.6 快感加速原则F：全局地图

全局地图原则指的是在解决用户任务时，不要过早地让用户开始任务，而是要把规则和玩法让用户充分理解，而后再让用户自行决定是否继续体验。

关于全局地图原则最为精妙的莫过于"自助餐理论"。我们在吃自助餐的时候有两种做法，如图 1-5-28 所示。

图 1-5-28 吃自助餐的两种做法

显而易见，给用户展示清晰的用户地图并引导用户完成合理的任务流程是非常重要的。在设计注册及引导等长流程时，为了打消用户的顾虑，往往会做步骤引导，在游戏中通常会采用新手游戏，在交易类产品中往往会采用虚拟交易等，那么一个好的全局地图应当具备哪些要素呢？

如图 1-5-29 所示，只有具备这些因素，才可以让用户在体验快感加速的地图上走得更远更快。

图 1-5-29　好的全局地图应具备的要素

5.5　总结

综上所述，一切关于快感的探讨都是围绕体验的产生和用户场景的转移来展开的，从交互组件的演化可以看出，体验其实是一脉相承的，常变常新，快感虽然短暂但会让人印象深刻，例如，无法察觉的细节，其中蕴含的舒适感也是一种无形的快感。

所谓原则，其实是经验的总结，每个人经验不同，总结的角度也就不同，但为用户设计的心是相同的。好的产品离不开用户，更离不开设计师的思考，不知道从什么时候开始，大家都爱说"不要在意这些细节"，但是呢，我们不在意细节，还能在意什么呢？

6 避开设计中的陷阱
——重新理解为用户行为而设计

方 耀

资深交互设计师

先后就职于腾讯、网易

现负责网易中国大学 MOOC 设计

> 📖 导语：
>
> 　　传统 UX 对于心理学理论的利用仍然停留在基础的可用性、简单的情感愉悦性上。而近些年来，认知心理学、行为经济学、说服式技术飞速进步，在学习了相关的知识后，我发现一些设计方案导致失败的原因是设计师对于人类心理认知不够而沿用了错误的经验判断，当设计师自认为做出了正确的决策时，其实却陷入了一些"设计陷阱"。

一个好的设计除了能提供优秀的体验，还应该满足产品商业目标，而对于数字产品来说，业务目标的达成往往需要对应到让用户付诸相应的实践。比如：提升 App 用户活跃度——需要用户更多地启动 App；提升付费率——需要让更多用户发生购买行为。好设计的路径如图 1-6-1 所示。

图 1-6-1　好设计的路径

要想设计能更好地服务于产品目标，就需要让用户发生目标行为。然而有时候设计师不得不尴尬地面对这一问题：为什么解决方案没有奏效？

即便设计师遵循了良好的用户体验设计流程（用户研究、场景分析、原型设计、用户测试），但是产品上线后，实际用户的行为却可能不是我们所预期的那般，尽管在此之前已经做了专业的用户调研。

下面，我想从行为学和心理学的角度探讨一下这个问题。

传统 UX 对于心理学理论的利用仍然停留在基础的可用性、简单的情感愉悦性上。而近些年来认知心理学、行为经济学、说服式技术飞速进步，在学习了相关的知识后，我发现一些设计方案的失败其实是因为设计师对于人类心理认知不够而沿用了错误的经验判断，当设计师自认为做出了正确的决策时，其实却陷入了一些"设计陷阱"。

对于此，我总结了 5 个"设计认知陷阱"，希望他山之石可以攻玉。

6.1　陷阱1：总是假设用户的行为是经过理性思考而决策的

我家里有一把海绵拖把，妻子告诉我它很好用，可是我的使用体验却很糟糕。因为我在拖地时，拉动拖把时很顺畅，推动拖把时阻力却特别大。后来妻子告诉我这种拖把的使用方法和旧式布条拖把是不一样的，你只需要像扫帚一样朝一个方向滑动拖把即可，而不需要像使用布条拖把那样反复地推拉。

我这才恍然大悟——这个拖把不是那样用的。说实话，如果我稍微动动脑子，这个使用诀窍自己应该也能想出来，但是过去的使用经验把我"局限"住了，更重要的是我一直根据直觉和经验来使用这把拖把，而没有有意识地思考过"正确的使用方案"。

事实上，即使我知道了正确的使用方法后，有时我仍然会下意识地按照原来的方式使用它。

其实，人的大脑有两种运作模式（见图1-6-2）：

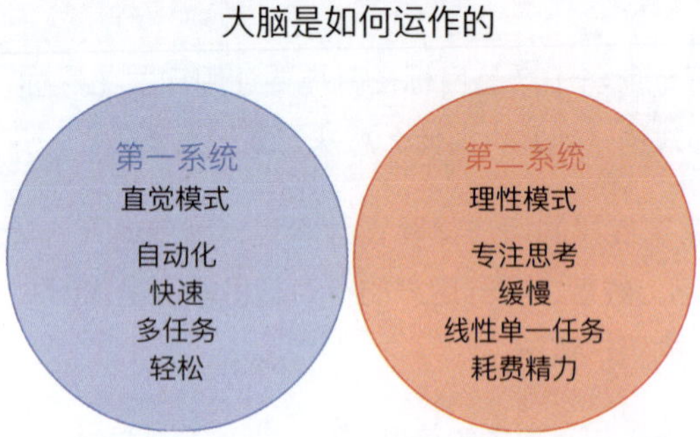

大脑是如何运作的

第一系统
直觉模式
自动化
快速
多任务
轻松

第二系统
理性模式
专注思考
缓慢
线性单一任务
耗费精力

图1-6-2　大脑的两种运作方式

第一种是"直觉模式"，也称为"第一系统"。它根据人的本能、过去的经验、情绪感受，对当前的场景做出快捷的判断。第一系统反应迅速，可以并发处理多任务，但只能处理简单或熟悉的事物。

第二种是"理性模式"，也称为"第二系统"，它是大脑有自主意识思考的体现。第二系统运作缓慢，能被自我感知。

我在拖地时不会想着应该如何使用拖把，老司机在开车时也不会想着我现在是不是应该踩刹车之类的问题，因为这些熟悉的任务由第一系统自动化处理掉了，无须专注地进行自我意识思考。

而当人们在进行诸如慎重选择、创造性方案思考时才会启动第二系统——有意识地理智思考。第二系统运作缓慢且耗费精力，所以默认情况下人类接收的大部分的信息都由大脑第一系统处理完成，只有当面对陌生事物时第二系统才会觉醒。

我在使用新拖把时，第一系统用原来的经验去构建使用方法，这个固有经验是如此强大，一直麻痹我的理智——就这样用吧，虽然感觉不顺畅但没有什么大碍。

当设计师为用户提供了收益／成本比更高的解决方案，却发现用户并不"买账"时，设计师对此的判断常常会是：用户一定没有理解这个方案的优秀之处。于是设计师根据这个方案做了更多的营销包装、推广文案、使用说明。但很可能用户根本没有进行理智地收益／成本权衡比较，他只是用直觉和过去的经验做了快速的决策。

这就是设计师所陷入的一个设计陷阱，他总是以为用户会用第二系统决策，而现实是大部分用户在选择决策时压根没有动用理智思维模式。

第一系统模式有很多快速、偷懒的决策方法，它可以根据用户养成的习惯自动化执行———到周末就赖床；可以根据过去类似的场景直觉判断——看到红色标志会感到危险；可以根据过去经验简化逻辑并做出启发式判断——推销人员总是想骗我的钱。

最终，专注、有意识地评估是很稀缺的。在了解大脑两种思考决策模式之后，设计师在设计方案时需要思考：自己的设计方案需要调用用户大脑的哪种处理模式才能感知价值呢？

通常来说，一个好的方案仅需要调用用户大脑第一系统即可达成设计目标：遵循用户旧有习惯、行为经验，无需更多的认知成本就能顺利完成目标。

这方面有一些优秀的设计案例，如 iOS 的滑动解锁屏幕，微信的摇一摇，Tweetie 开创的下拉刷新交互模式。

6.2　陷阱2：高估了可用性对于用户行为发生的帮助

每当我们提升一项指标，如用户使用率或参与度时，设计师的第一想法往往是优化对应的可用性问题——我是否可以让它的操作变得更高效、易学？设计改版中常见的套路就是优化用户操作路径，功能入口做得更大更醒目。

这个思路没错，但是不一定每次都有效。

有太多的文章阐述过减少用户操作路径对降低用户流失率的帮助。但在我的实际项目中发现，有时绞尽脑汁将路径页面从 3 个转为 2 个并不一定能带来有效的转化率提升。在解释原因之前我们先来看一下促使人发生行为的模型。

来自斯坦福大学的 BJ Fogg 提出了一种人类的行为模型（Behavior Model），他认为决定人发生行为的因素有三个，即触发（Trigger）、能力（Ability）、动机（Motivation）。

当人要实施一个行为，首先必须有一个触发机制引起他的反应（看见面包店的甜点），另外他还要有行动的动机（我喜欢吃甜点），最后他要有能付诸行动的能力（甜点不贵并且不需要排队就能买到），这三者缺一不可。如果你想促使用户采取一个行动，你可以降低行动门槛（通常是提升可用性）或者增强动机。

图 1-6-3 是 BJ Fogg 的行为模型图。

从图 1-6-3 中还能发现，当动机已经很强或者行为已经很简单时，继续单一地加强动机或者简化行动门槛，这种促进效果就变得薄弱了——这是一种边际效益递减现象。也就是说，当一个操作方式已经非常简单了，如果设计师仍然把精力放在优化可用性上，所能够获得的回报率是不高的——用户行为不会发生明显改变，这时候也许研究一下如何提升用户动机是一种 ROI（投资回报率）更高的策略。

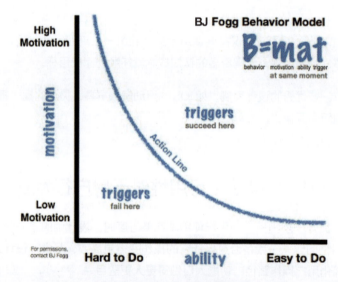

图 1-6-3　BJ Fogg 的行为模型图

同理，在设计方案中一味地提升用户动机，可用性却很糟糕，同样无法让用户顺利达成目标行为。

6.3 陷阱3：忽略外部环境因素对人行为的影响

人的行为决策是一个非常复杂的系统，尽管 BJ Fogg 的行为模型一定程度上解释了影响人们行动的因素，但在一些场景下，即使三个条件全部具备，用户却可能仍没有采取行动。

6.3.1 典型例子——学习

很多人都有学习的意愿和动机：也许是想通过学习提升专业技能，也许是想为出国准备提升英语能力，如图 1-6-4 所示。他们也不缺学习的能力，书桌上购买的各类书籍也时常会提醒他们各种待办的学习计划。然而最后很多人还是选择去看个视频，打一场游戏，和朋友聊天。或许他们想着"稍后再学吧"，事实是稍后再学往往是永不再学。

图 1-6-4　学习状态

明明想做这件事，结果却去做了另外一件事。

这提醒了我们：

人的行为不仅仅取决于自身的条件，还会被当下的"上下文环境"（Context）所影响。用户体验设计师对环境这个概念并不陌生，它包括了时间、地点、设备、社会环境等，但是设计师对环境的关注更聚焦于"当前环境是否支持目标行为的发生"，而相对忽略了环境中会与目标行为发生竞争的其他线索。

当用户坐在了书桌前，打开了笔记本电脑就会认真地学习新的网络编程语言吗？不，他很可能会打一把 DOTA 游戏；当用户来到了一个备好食材、干净宽敞的厨房时，就一定会给自己烧一顿好菜吗？不，他可能还是会给自己煮一碗泡面充饥了事。

竞争，所有的行为都面临着其他可能性的竞争。

当用户打开电脑时不仅看到了编程 IDE，还看到了游戏图标；当用户进入厨房时不光看到了新鲜的食材，还看到了省事的泡面。环境中其他的线索抢占了用户的心智，让他远离了你所期望的目标行为。

总结：这就是为什么用户安装了你的学习/健身 App，并且对其评价颇高，但是很少真正使用，即便你不停地发送（Push）消息提醒他采取行动。

当在设计中预设了用户使用环境时，要仔细考虑环境中分散用户注意力的其他因素，尽可能避免与目标行为产生冲突的线索，或者确保自己的产品在面临行动竞争时保有竞争力。

6.3.2 典型例子——微信

微信是一个新兴的互联网平台级生态环境，越来越多的应用选择了微信服务号、小程序作为产品形态，而不是采用传统的 Native App 开发，如图 1-6-5 所示。除了利于用户信息传播，微信还是一个易触达、低门槛（免安装）的产品使用途径，这提高了用户启动微信的频率。

图 1-6-5 微信

但同时微信内的应用也面临着更大的竞争——来自微信自身的竞争，用户进入了微信内 Wap/小程序应用后，无法获知新接收的消息和朋友圈更新，这对于大部分社交成瘾的人来说会产生一定程度的焦虑和不安。这种情绪随着时间增长会越来越强，最终用户很可能会提前退出应用查看是否有新消息。也就是说微信内的应用会有高触达率和启动率，但是用户参与度可能会更低，退出率更高。

6.4 陷阱4：解决方案过于依赖外部动机，忽略用户内在动机

有一些产品的目标是非常常见的：获取新用户，提升用户活跃度，提升用户留存率。

对应这些产品目标，同样有一些常见的产品设计策略，如签到积分，完成任务赠送奖品奖金。这些策略本质上存在两个要素：奖励和惩罚。就像那些传统的教学手段一样，给好好学习的孩子鼓励表扬，批评惩罚不认真学习的孩子。

无论是积分、奖品、红包，这些手段基本上都是用外部动机来驱动用户，而现代

心理学已经证明了除了外部动机，人还会被内部动机驱使行动，内部动机来自任务本身所带来的兴趣或愉悦。比如喜欢音乐的人没有任何听众和奖励也会在家一个人弹奏乐器。外部动机和内部动机如图 1-6-6 所示。

图 1-6-6　外部动机和内部动机

利用内在动机驱动用户最典型的产品就是游戏，对于玩家来说游戏体验本身就是最大的愉悦来源。

产品设计中需要注意的是过度使用外部动机，它会挤占用户原本的内部动机，慢慢地会导致用户纯粹是为了外部激励而行动，而不再体验到任务本身的乐趣。

这时一旦停止外部激励来源，用户可能会立刻失去动力来源，表现得反而比奖励之前更差。所以，产品设计在利用外部激励的同时还应该想办法去激发用户的内在动机，让他们在使用产品的过程中获取欲望的满足和体验的愉悦。

下面介绍两个增强用户内部动机的技巧。

1. 给予用户适度的挑战

挑战是激发人内在动机的一种有效因子。通过自身的努力迎接并完成挑战，会给人带来成就感，驱使人有信心和动力去完成下一个挑战。这个挑战的难度要在用户感知能胜任的范围内，否则用户会退却，同时又不能太过简单，否则用户会感到无聊。

这就像游戏中的升级打怪。对于这个不断克服挑战、熟悉提升个人技能、用户全情投入的过程，状态心理学有一个专有名词与之对应，叫作"心流（Flow）"，如图 1-6-7 所示。

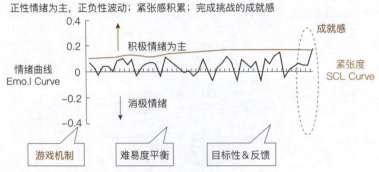

图 1-6-7 心流状态（Flow）

2. 及时的反馈

当用户想完成一个目标，或者接受一个挑战时，他需要及时的反馈以知晓自己的进度如何，行为是否有效，自己是否进步了。

越是及时、积极的反馈，越能激发用户更大的动机和热情，反之他可能会在过程中放弃最初的目标。

假设你制定了为期一个月的减肥计划，你一定不会等到一个月后才再次称量自己的体重；你可能每隔几天就站上体重计，看看自己瘦了几斤，如图 1-6-8 所示；如果数字顺利递减，你会信心大增；如果效果平平，你可能会考虑调整计划。甚至可能的话，你还会希望每次进餐的时候，能快速得知食量对应的卡路里——它们的热量是否超标。

图 1-6-8 迷人的减肥效果

这些都属于反馈的及时性。

当用户付诸行动后,内在动机会随着反馈迟迟不到而逐步衰减,反之,及时地反馈则会是内在动机的助燃剂。

6.5 陷阱5:设计师自身的认知偏见——宜家效应、服从权威

除了对用户目标行为认知存在偏差,我们应意识到设计师在进行设计时本身就是一项复杂的行为,行为过程中的认知偏见(Cognitive Bias)可能会把设计带入新的陷阱。

所谓的认知偏见其实是一种非理性的认知。

比如"宜家效应",宜家效应指的是人对于自己投入劳动事物的价值判断会超出其实际的价值。这话放在设计师身上就是指设计师对于自己做出的方案会越看越喜欢,如果有不同意见就下意识地想抗拒。一旦带着这种潜意识偏见,关于设计的理性探讨就会演变成"我如何才能 PK 过对方",而这种意识目标并不利于获得最优的方案。宜家安装说明书表明,自身的投入,更容易让用户获得价值感,如图 1-6-9 所示。

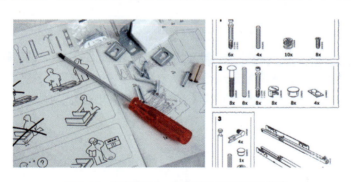

图 1-6-9 自身的投入,更容易让用户获得价值感

另一个设计师身上典型的认知偏见是"服从权威"。身为社会动物,对权威、领导的服从是人类心理本能,很难克服。所以设计方案在讨论、决策、拍板时面临领导的意见时,很容易被影响。如果这个领导同样深入参与到这个项目中时,也许没有什么大的问题。可怕的是,如果领导对此项目并没有深入了解,他对于背景信息、上下文

的理解是片面甚至错误的，给出的决策意见很可能也是错的。而基于服从权威的心态，设计师可能默认接受了对方的意见，在这个过程中有时设计师甚至都没有意识到自己被服从权威的心态所影响。

认知偏见，其实是一种基于本能、过去经验、直觉的快速决策捷径，也受大脑的"第一系统"所给出的指令影响。

即便人脑唤醒第二系统进行有意识地评估，也还是很难克服这种偏见。设计师如果想逃离这种认知偏见的陷阱，可以经常有意识地进行批评式思考：多问几个为什么。

尽量避免用固有经验快速回答问题，要用实际结果衡量检测方案的实际效用。

6.6 总结建议

从用户目标行为出发理性分析，而不是简单套用现有模式。

设计师是随着项目经验的丰富，从他人的资料文献中吸收知识而成长的。这些经验、知识帮助我们面对问题时能快速决策、形成解决方案。但同样的解决方案在不同的产品背景、目标人群中不一定完全适用，设计师凭借经验下意识得出的策略也许是一个看似坦途的陷阱。

因为过去的经验已经在大脑中固化为稳定的反应连接，当问题展示出一点相似熟悉的线索时，大脑"第一系统"马上就给出了一个"模式回答"。当你脑海里瞬间冒出这样一个"套路"时，请提醒自己再深入思考一下——一个有洞见的优秀设计一定来自对产品目标、用户认知心理、用户目标行为、产品使用环境的综合考量。

Chapter 2
设计管理

7　精益设计：从设计管理看设计师角色的转变......................092

8　完美项目汇报...105

9　组建高效的设计团队..122

10　体验动力驱动产品设计..134

7 精益设计：从设计管理看设计师角色的转变

Nick 刘醒骅

ETU Design 首席设计官兼设计合伙人

> 📝 **导语：**
>
> Nick，ETU Design 首席设计官兼设计合伙人。在 ETU Design 近十年的从业经验里，Nick 领导团队开发过大小项目不下 40 个，亲历了只有两位设计师构成的快速设计团队，到包含研究员、体验设计师、数字设计师、建筑师在内的复杂项目团队。
>
> 每次接到新的任务，第一个棘手的问题就是：项目执行计划应该如何规划与管理，才能既保证在有限的条件内产出最优的设计成果，又能激发出组内的设计师的最佳表现，并帮助他们在项目内获取最想要的成长经验？

"精益设计",是炙手可热的设计方法论。在现在的工作环境中,我们或多或少都会按照某种精益设计的理念处理我们手头的工作。在本章中,我会从精益设计的概念和实践经验出发,来谈谈精益设计中的管理要点,以及从设计管理者的角度,看未来体验设计师的角色该如何设定。

7.1 关于精益设计

7.1.1 出发点——设计思维Design Thinking

当我们谈及精益设计的时候,总绕不开去讨论其背后驱动的一整套思考模式——设计思维。

但"设计思维"这一概念,就如设计师们"日新月异"的大脑一样,随着设计的实践而不断延伸出新的定义。让我们回到最基本的、公认的说法,由 IDEO 的 CEO,Tim Brown 在《哈评》中提出的:设计思考是以人为本的设计精神与方法,考虑人的需求、行为,也考量科技或商业的可行性。

2012 年,纪录电影《设计与思考》(*Design & Thinking, Mu-Ming Tsai*)采访了包括 Tim Brown 在内的众多业内人士,其中 *Business Model Generation* 的作者 Alex Osterwalder 的观点在我看来很好地总结了"设计思维"指导"设计实践"的真正意义:我需要探索不同的潜在可能性,直到我找到了一个可以解决繁重、复杂、诸多限制的问题的方向……一直都在原型制作、测试与试错,但快速、低成本地试错,是为了能够成功。

这种强调"理解,定义,构思,原型,测试"(Empathize, Define, Ideate, Prototype, Test)的快速设计思维,重新定义了包括精益设计在内的一系列创新设计方法论。

7.1.2 迭代式的实践——精益设计

在 *Lean UX*(Jeff Gothelf)一书中提出的"精益设计"与"设计思维"在理念上一脉相承:提出问题的假设,以最基本、必要的方式验证策略的方向与方案的有效性,并且频繁地迭代以达到最终目标。

当然,"精益设计"与"精益创业"(Lean Startup)也有着千丝万缕的关系,注定了精益设计是一套讲求效率的方法论,过程中对错误毫不避讳,不断学习与调整方向,因此我也愿意称之为"Designing by Making Mistakes"。但这并不是说,精益设计只适用于初创性的、探索性的项目,在大企业的一些成熟的项目的特定环节,我们也能看到精益设计的踪影。

7.1.3 基本精益模式

精益设计模式所颠覆的是瀑布模式——序列式的研发设计计划。在典型的瀑布模式中,定义了每一阶段的目标,达成上一阶段目标后,再进入下一阶段。由于前期投入了大量的精力与资源,后期一旦有突发情况,就会陷入反馈慢、成本高的困境。

与瀑布模式不同,精益设计模式提出了简单明确的方法论:Lean UX Cycle,即"理解"(Think/Learn)、"制造"(Make/Experiment)、"验证"(Check/Test)的闭环如图2-7-1所示。设计师在这个闭环内,有机会可以不断地修正设计方案。

理解:调研(市场或用户观察),验证上一阶段方案,构思下一阶段方案;

制造:提出假设,价值定义,绘制草稿,原型制作;

验证:分析,关键指标评估,A/B测试。

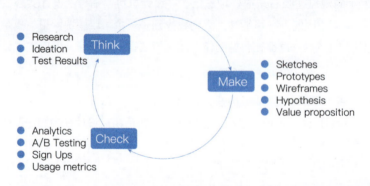

图2-7-1 精益设计模式

例如,在一个为银行设计的创新营销服务设计项目中,我和项目组前期最大的挑战,就是如何验证客户设想的服务模式,能够有效地映射线下空间内;或者说,空间的规划设计,如何能够更好地满足服务动线的需求。我们无法一击即中地马上找到最优的设计,现实情况也不允许我们在空间落成之后再做调整。因此,我们必须把精益设计的理论运用在一个线下服务的语境内：我们用最低成本、最高效的方法，向用户展示出我们的空间与服务设计概念，然后邀请真实用户进行体验，接着在与用户实际的互动过程中，我们不断修正我们的设计，如图 2-7-2 所示。

图 2-7-2　建筑设计师在空间原型中与用户交流并修正设计

虽然精益设计能够帮助我们在多个迭代中不断完善设计，但并不是说，精益设计就一定比瀑布模式先进或有效。实际上，当目标清晰、有严格的成本（金钱或时间）限制的情况下，瀑布模式或许更能确保团队产出准确的成果。因此，从设计管理的角度看，在制定设计执行策略时，能准确地理解两种模式的特征、选择符合客观条件的模式，甚至将两种模式做一定程度的整合，将更好地激发设计师的潜能。

7.1.4　其他形式

在我们谈及精益设计的时候，也常常遇到类似或相关的概念，在此我们也做一下有关概念的界定。

1. 敏捷开发模式

敏捷开发模式（Agile Development）是一种从 1990 年代开始逐渐引起广泛关注的、基于软件开发语境下的新型开发方法，是一种应对需求快速变化的软件开发能力，如图 2-7-3 所示。

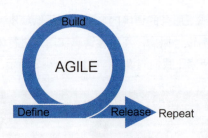

图 2-7-3 敏捷开发模式

相对于其他方法，敏捷开发模式更强调适应性而非预见性，力求在很短的周期内开发出产品的核心功能，并在后续的生产周期内，按照现实市场中反馈的需求变化迭代升级、频繁交付。

在敏捷开发模式中其商业模式也相对固定。敏捷开发具有固定的迭代周期和固定的资源，因此在敏捷开发模式下，项目管理三个约束条件之间的作用概括起来就是变更项目范围、固定时间和成本。

2. 创新冲刺

创新冲刺（Design Sprint）是由谷歌风投（Google Venture）内部梳理的一套如何带领团队快速做创新设计并验证设计的产品创新方法论。这套密集的、为期 5 天的设计流程，可以帮助企业快速确定方向，提出方案，制作产品原型并加以验证，如图 2-7-4 所示。

创新冲刺更加聚焦于如何定义问题以及如何快速定位切实有效的解决方案，操作过程中充满创造性和探索性，提倡团队共创，一起努力达成对真实用户而言真正有意义的设计。

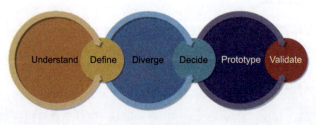

图 2-7-4 创新冲刺模式

无论采用哪种方法，都是为了追求设计效率，使设计团队能够基于既定目标快速调整方案。

7.2 管理精益设计

7.2.1 精益设计原则

作为精益设计的团队，有其运作的逻辑与原则，我将其归纳为 5 点，如图 2-7-5 所示。

- 组建精炼的、跨专业的团队：这样能确保管理的效率，同时保证方案的丰富性；

- 边分析，边制造：鼓励快速地在真实的用户与场景中寻求方案，不要长时间待在办公室无休止争论；

- 帮助团队专注问题以及与目标相关的结果，排除无效的产出；

- 鼓励全部成员充分地表达，在讨论解决方案中反对一言堂；

- 允许失败，从学习中成长。

组建精炼的跨专业的团队　　一边分析一边制造　　专注问题以及与目标相关的结果　　充分的表达　　允许失败从学习中成长

图 2-7-5　精益设计 5 原则

说到底，我们采用精益设计模式，是为了追求快速试错、快速修正的效率，因此作为设计管理者，就会有相应的管理注意点。结合自己的经验，我提出以下 4 个要点。

7.2.2　管理要点A：准确定义问题，设定清晰目标

1. 问题定义

在不断修正方案的过程中，要想保持目标清晰不偏离，通常我们从"问题定义"（Problem Statement）开始做起。一个好的问题定义，能帮助团队明确目标、一致努力，并对项目产生归属感。作为设计管理者，提出的问题定义，需要具有直指关键问题、提供相应的问题语境、有明确的目标，以及简洁明了的特征。

通常一个问题定义的提法，包括以下格式：

我们的（产品／服务）是为了达到（目标）的。我们留意到这项（产品／服务）无法满足（这些目标），导致其对我们的业务造成了（影响／后果）。我们应该如何基于（可测量指标）的提升，来让我们的客户更成功？

2. 假设

有了问题定义之后，我们可以提出由核心问题延伸出来的"假设"（Assumption）。

"假设"应该是工作坊或集体讨论中产生的结果，是大伙儿的集体成果。而且随着项目的开展，也应在不同的阶段提出不同的假设。"假设"的提出可以基于下面一些问题的讨论：

- 谁是用户？

- 用户使用我们的产品或服务的目的是什么？

- 用户会在什么情况下使用？

- 哪个功能会是最重要的？

- 会有什么风险？

3. 假说

接下来我们通过"假说"（Hypothesis）的设定来验证"假设"是否成立。假说通常设定了产品的目标人群，以及验证的标准。通常其格式为：

我们相信为了（目标用户）完成（某个设计），能够达成（效果）。我们将会通过（市场反馈）进行验证。

"假说"之所以重要，是因为它设定了阶段性的目标即验证标准，我们下一阶段的冲击计划或设计安排，将围绕该目标展开。

"问题定义＞假设＞假说"的推导在我们的设计咨询工作中也尤为重要。作为第三方的设计师，客户总会把很多期望、各种日常内部难以调解的问题的解决都寄托在我们身上。记得有一次，一个想开发信用卡 App 客户想寻求合作，他们的产品遇到了重大的瓶颈，通过内部访谈，我们发现客户内部对于瓶颈期要解决的问题的理解也存在重大差异：有些人认为产品设计上最大的问题是需要解决目前可见的可用性问题，有些人认为所有设计的开展应该围绕提升客单价来展开，不一而足。在这样的需求前提下，我与我的团队无法在有限的资源内找到真正能解决问题的有效方案，就算有，客户的理解不一致也会导致后期设计评审过程中容易出现重大分歧。因此我们在项目初期的重要工作，就是保持与主要项目相关方的密切沟通，提取各种数据以充分论证，最终把项目的问题定义界定在"提升用户量"这个关键词上，这样我们终于可以与客户目标一致地展开设计工作，如图 2-7-6 所示。

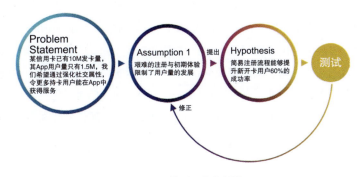

图 2-7-6　某项目中的假说

而从设计管理的角度，精益设计与其说是管理人员的投入或时间进度，更不如说是在管理"问题定义（Problem Statement）＞假设（Assumption）＞假说（Hypothesis）"的信息链条，这条信息链条决定了动态的每一个阶段目标与执行策略。确保这个提问链条的连贯、及时更新以及信息能够有效到达每位成员，不仅是保证解决方案维持在正确方向上的关键，也有利于每位成员更好的发挥。

7.2.3　管理要点B：创造沟通

诚然，从事设计行业的同事都是思维活跃、充满好奇心的一群有趣的人，但有时团队也会出现那些所谓"闷骚型"[①]的设计师（曾几何时我自己也是），他们沉浸在自己所专注的某个议题或者解决方案的角落，忽略了把自己的观点、思考及时与大伙儿分享。

尤其是在行业给了他们一个明确的专业身份定义时（如"交互设计师""视觉设计师"），导致他们会认为和自己专业领域不相关的问题就"与我无关"。

这会导致成员间信息不对称，与各自的目标逐渐偏离。不同成员间无法理解其他

---

① 闷骚是英语"man show"的音译，最早见于中国港澳地区，意指外表冷静，内心狂热。

人着手在做的事情和问题定义（Problem Statement）之间有什么关系，进而陷入没必要的无止尽的争吵中。

作为设计管理者，有时候你的使命并不是给出一个"惊天地泣鬼神"的创意交给团队执行，而是为团队创造一个有效、宽松的交流环境，而"惊天地泣鬼神"的事交给团队去做就好了。

• 沟通和交流：精益设计讲究的是 GOOB（Get Out Of Building），强调与真实的需求方和用户加强沟通。在我的项目中，与用户、客户的交流都是周期性的，例如每周四有固定的碰头会。对于团队成员来说，简单清晰的沟通计划能提升事情的执行效率；对于需求方而言，即便不在关键时间节点，定期同步信息与思路也是有利于加深对假设（Assumption）与假说（Hypothesis）的理解，及加强彼此间信任的。

更重要的，沟通和交流可以建立内部沟通的机制与氛围，这对于成员对问题定义（Problem Statement）保持一致理解、产生归属感而言非常重要。

不管是定期沟通还是突发性的会议，设计管理者都要注意，应尽量召集全部成员共同讨论，作为会议主持人也要注意应给每位成员对于每个议题都能有充分的表达机会。这样做是基于一个这样的假设前提的：我们不是流水线上的螺丝钉，把自己眼前的工作做好、其他的交给别人就可以了。我们假定一个有价值的问题，需要从不同的方面充分沟通，才能看到解决方案的全貌。

• 视觉化表达。你是否有过这样的讨论经验：团队成员在会议室讨论问题，议题随着时间变得越来越概括与抽象；一些没被准确定义的词汇术语越来越密集地使用，但没有人尝试去解释它；举的例子或许有代表性但不见得所有人都熟知；而这时，整个讨论过程都是在成员口头间进行的，仿佛是一群 18 世纪的哲学家在探讨人生奥秘。结果通常是，大伙儿花了很多精力与口舌，但议题没有实际进展。

视觉化表达鼓励大伙儿用最简单的工具进行视觉表达，在白板甚至是一张餐巾纸上，用一个简单的线框图、几个圆圈构成的树状图，说不定就能把抽象的概念表述清楚。

尤其要关注团队内不是"设计"专业出身的同学，在他们的认知里，自己画得不好、怕"出糗"是最大的障碍。我曾在一个保险服务设计项目组待过，其中有一位负责业务创新的保险销售老手，在每次头脑风暴的时候都只会说不会画，恰好其他成员都是不太懂保险的设计师、产品经理，结果是大家都不太懂最懂行的人的观点是什么。我去问这位保险销售老手能不能把她的所想通过白板跟大家进行分享，她给我的回应是：我担心我画得丑大伙儿会笑我。

7.2.4 管理要点C：正确对待"用户研究"

进行用户侧的研究与验证，是 UX 设计的最大特征。作为精益设计流程管理，用户方面的研究结论也是不断修正假设的重要依据。但尤其要注意，目标不要在过程中被模糊，否则会导致将解决方案的决策权完全交给用户。

曾经碰到过一位金融服务平台的客户，他们的产品有 60% 以上的用户年龄在 60 岁以上。而为了给大部分用户更好的阅读体验，用户体验设计部门花了一个月在争吵：到底是否需要把整个 App 的字号改大两号。内部意见分歧严重，有的认为为了 60% 用户，改大字号是势在必行，有的认为必须要再做一轮用户调研，论证不同人对于字号的偏好。由于无法达成共识，于是找到了外部设计咨询团队，来制定相关研究方针。刚开始接触的时候，我们的团队也觉得纳闷：这样的设计决策相信在大部分的公司里，都会直接做一个字号放大的选项开放给用户选择就好了。而这个客户，经过深入交流之后才发现，用户体验设计部门为了凸显"用户"在企业内部的价值，慢慢形成了一种迷思：所有设计决策都必须要有用户数据的论证，团队内部逐渐放弃了对于设计本身的主导权与决策权，从而慢慢钻进了牛角尖。

7.2.5 管理要点D：管理跨专业团队及反思

正如前面所述，我们的设计项目团队在不同的项目下有不同的构成，包括有很多非体验设计师成员如建筑师、金融专家、销售专家，不一而足。在精益设计的语境里，"共同探讨／创造"与"专业范围"的边界，有时候会变得模糊，不容易把握。再跟大家分享一件趣事。我的 boss 曾经向我们提出质疑：既然我们的设计师能够处理 O2O 中的线下体验，为什么他们不能做我们自己办公室的空间设计呢？

跨专业的团队管理如何确保目标的一致性、分工的合理性，是对于精益设计管理者的一个挑战。我曾在 IxDC 大会的新零售创新峰会上，与 Frog Design 的中华区技术总监聊到这么一个话题：在新零售服务设计的语境里，体验设计除了传统理解的 UI/digital 体验，肯定也包括空间设计，那么，怎么确保空间设计师能够很好地理解服务设计的逻辑与流程呢？聊完后我们有一个共识，就是 UCD、精益设计、服务设计等这些伴随着互联网服务兴起的设计方法论，目前在其他设计领域，尤其是传统设计领域，普及程度不是很高；作为典型的体验设计师，目前除了不断地给其他设计专业的同事"洗脑"、不断强调 Lean UX 的价值与意义、不断通过问题定义（Problem Statement）来对齐各自的目标，好像并没有更好的办法。

这里面有一个有趣的思维陷阱，即：在移动互联网语境下讨论的"设计"等同于 UE/UX/UI 设计，除此以外皆非"设计"。因此我们也很容易陷入一个"谜"：作为 UX 设计的基本方法论是一套通用的设计方法论，凡是具有"设计师"称谓的人都应了解，但事实并非如此。因而，当我们组建一个跨专业团队的时候，让成员们都基本了解彼此的工作模式和方法论，是减少后期很多矛盾与冲突的必要方法。

作为精益设计管理者，回过头想，我们何尝不是需要对其他设计专业或者领域抱有开放的态度与敬畏的心态？从这个角度看，我与我的团队最近一直在探讨体验设计师角色的转变。

7.3　UX设计师在精益设计中的角色转变

7.3.1　用研V.S.交互V.S.视觉：传统行业职能定义的崩解

移动互联网带动了用户体验设计行业在国内的兴起，"用户体验设计师"也迅速进入各大互联网公司。随着分工的细化，用户研究员、交互设计师、视觉设计师逐渐变成对体验设计师的最基本划分并在从业者的印象中固化下来。

我认为，"用研""交互""视觉"这样的分类方法是为了满足流水线化的分工模式而产生的，它的合理性存在于高度精细化分工的大型互联网／技术公司的组织架构之内。

然而随着"体验设计"这样的概念被广泛传播与接受，我们的设计范围也早已脱离单纯的网站或手机 UI 设计。今天设计师要处理的问题，可能是一个体验式的运营方案、一个线下结账场景的规划、某个供应链环节上的效率提升、一次前人没实践过的商业模式创新。要解决这些问题，我们设计师只能回归到"解决问题"的本身，而不是寻找其中"哪里需要画线框图""哪里需要做 Banner"。

而业界也开始就此现象做出回应和调整，例如阿里 UED 委员会提出"用户研究是一种能力，而不是一个岗位"的理念。

作为设计管理者，并不是说从明天开始就要求用研同学去画线框图、视觉同学去做访谈了。正所谓术业有专攻，在某些问题的处理上，的确有专业技术与经验积累的要求。但是，设计管理者应该鼓励（而不是"迫使"）团队在保持专业的基础上，更积极地面对一些专业以外的问题与挑战。因为只有这样，团队成员才能全程参与和应对在精益设计流程中的各项挑战，不至于只作为某个环节的"能力外包方"而已。

7.3.2　UX设计师的下一阶段

从精益设计管理的角度，我们应该思考如何帮助设计师成长的问题。在 ETU Design 中，我提出了设计师技术成长路径的模型，如图 2-7-7 所示。

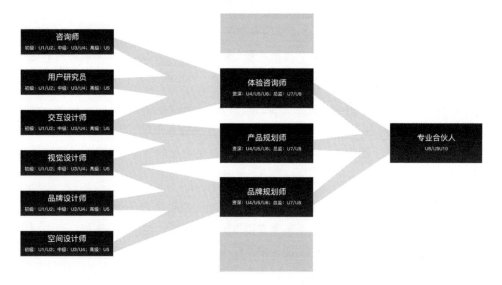

图 2-7-7　ETU 职业发展路径

我们希望每一位 UX 设计师 / 研究员，都不要被当下的职称定义所限制。我们鼓励我们的设计师在培养好某一方面的专长以外，能够涉猎更多不同面向的分析、管理能力，能够更好地把握 UX 的大趋势。我们相信，一位交互设计师经过不断的成长，除了能掌握扎实的交互设计技能，还应该具备整体产品策划、前瞻的洞察等能力，使自己成长为"产品规划师"。

下面让我们把目光放得更远一点，来构思一下"体验设计师"岗位，这一工作岗位的边界非常模糊，这将会是非常有趣的事情。网站 UX Planet 曾找来 20 位来自 Google、Uber、Lyft 等企业的 UX 设计师，与他们讨论 UX 设计的未来。总体而言，结论非常明确，总结如下：

- 基于"同理心 (Empathy)"的 UX 设计方法论将会持续发挥 (更大) 作用；

- UX 设计方法论将会转向更贴近用户的场景解决问题；

- 狭义的"UX（UI/ 数字化体验）专业"将会被更平民化的工具、算法取代；

- 当前承载狭义 UX 的界面平台会被边缘化。

在这样的趋势下，下面提到的几种未来 UX 设计师的形式，也足以引起我们注意。

- 数字化指挥家 Digital Conductor（by Bill Buxton, principal researcher @ Microsoft Research）：不管每个个体如何简单，当彼此间没有精心组织与安排的话，最终就会形成复杂的障碍。而数字化指挥家，就是要确保彼此关联的事物的关系足够清晰、简洁，以确保同一系统内事物能发挥的价值，能远超每个个体价值的总和。

- 融合者 Fusionist(by Asta Roseway, Research Designer in the NeXus HCI group @ Microsoft Research)：我们的产品会将人慢慢分化成不同的群体，而融合者懂得如何从不同的小圈子中找到对的人做对的事，融合者的专业横跨艺术、研究、科学与工程。

- 设计介入者 Interventionist（by Ashlea Powell, Design Director @IDEO）：当组织越来越错综复杂，它通过吸收新事物来构建更好的未来的能力就会降低。通过提出创造性的对话、描绘无人设想的问题、带领众人离开舒适圈再探索，来达成不断创新的目的，这就是设计介入者。

7.4 结语

通过对设计思维、精益设计的概念的了解，我们讨论了精益设计管理的几个要点：通过问题定义设定目标、创造良好的沟通环境、善于跨领域合作。而当中最重要的是，帮助设计师成长，让他们有能力面对更多挑战，能融入到精益设计全流程中。这其中很多都是根据我的个人经验总结出来的观点和关注点，希望能帮到看这篇文章的人。

8 完美项目汇报

曾铃琳

重和科技创始人、SUXA 联席会长

> 导语：
>
> 项目管理跟设计岗位比较起来，似乎没有可视化的产出，但实际上它需要通过专业的知识、技能、工具、方法来保证项目的质量、时间、成本三者的平衡，常常身负绩效、效率工作指标，项目管理是一个大象无形的工作，了解项目管理的一些基本方法，对设计师群体更好地与团队融合，帮助我们站在全局理解项目有着非常积极的意义。

8.1 说点大家感兴趣的往事

1. 引言

2008 年 10 月，我很荣幸地入职到腾讯，负责 QQ 音乐绿钻运营工作，QQ 音乐在当时是全国唯一一款能靠正版音乐收到钱的互联网产品，那时候打开 QQ 空间，在主流用户里，你没有一首背景音乐就代表缺乏一张个性名片，缺乏与同伴沟通获得同类认证的"硬通货"。腾讯是时代的宠儿，而 QQ 音乐站在腾讯巨人肩膀之上做出了很多中国式创新，10 多年后的今天，QQ 音乐作为腾讯音乐主力产品之一在纽交所成功上市，我们关于项目管理的故事，就借着 QQ 音乐这鸿运东风讲起吧……

2. 关于 QQ 音乐的项目管理

2008 年的 QQ 音乐坐拥千万级用户，依靠高清正版音乐下载、空间背景音乐等多项特权成为行业标杆，是一款成熟的互联网产品，当时我们整个研发团队有几十号人，其中产品团队分为绿钻运营组、QQ 音乐平台组、内容组（以下统称产品经理）三个小组，产品经理完成需求设计和视觉设计后（注：视觉需求交付由公共设计资源完成），将整个需求包提交到腾讯自研的项目管理软件 TAPD 上，由我们的需求大总管——项目经理进行任务的评审、分解等工作，项目经理上承接整个产品团队的需求，下管理所有需求执行相关工作，我们之间的日常工作流如图 2-8-1 所示。

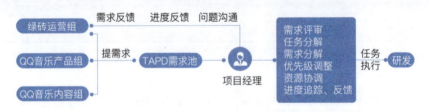

图 2-8-1　QQ 音乐项目日常工作流

在这个工作流中，它看起来是一个独立而"孤独"的存在，主要负有如下两项核心工作：

- 承上启下的沟通和协同功能，包括需求评审、问题沟通、需求分配等；
- 需求大管家，如需求评审、优先级、进度管理、需求监督等。

如果说项目是一艘船，产品、运营、研发都是乘客，那么项目经理是一个摆渡人，他负责按需求方的要求，带领所有人顺利到达彼岸，然后再载上新一轮客人，循环上一个流程。

腾讯是国内最早启用敏捷项目管理研发的公司之一，在这里，由于人人都是螺丝钉，所以普通项目经理的日常主要是围绕需求的所有相关管理事宜。在职期间，我们还经历了多次由项目经理发起的小型的项目流程改善工作，简单说来，项目经理在这里的工作的效果职能是，让产品运营侧需求能得到尽可能合理的优先级，让研发侧的工作有序有效，并推动所有人按计划完成项目目标，其实这也是目前大部分互联网企业中项目管理的基本工作。

8.2 经典项目管理方法

8.2.1 项目管理起源

有说法认为，人类历史上最早的项目管理出现于建造中国长城和埃及金字塔期间，公认的近代项目管理则被认为起源于 1939~1945 年第二次世界大战，"二战"期间，为研发各类新型武器、雷达设备等新产品，人们开始关注如何有效地实行项目管理来实现目标，这些产品具备技术复杂、参与人员众多、时间紧迫、经费限制的共性。

一本叫作《现在可以说了》的书里记载了美国人研制第一颗原子弹的"曼哈顿计划"，近代项目管理在这个时期开始萌芽。

8.2.2 经典项目管理方法

1.CPM：关键路径法

1957 年，美国路易斯维化工厂为缩短每年的生产线检修时间，把整个检修流程进行精细分解，对流程最长部分进行优化后，最终检修时间从 125 小时缩减到 78 小时，带来每年百万美元的经济效益，这就是至今项目管理工作者仍在应用的著名的时间管理技术——"关键路径法"，简称 CPM。CPM 假设每项活动的作业时间是确定值，重点在于费用和成本的控制。

CPM 方法很容易理解，也常常被我们不知不觉地运用，比如公司团建期间，你作为活动组织者，需要带领 3 个小队尽快达成登山任务，为完成"所有人尽快登顶"这一目标，你会花最多的时间对行动最慢或最弱的队伍进行鼓励、人员调整、扶助等工作。

2.PERT：计划评审技术

1958 年美国海军开始开展北极星导弹项目，项目组织者为每个任务估计一个悲观的、一个乐观的和一个最可能情况下的工期，在 CPM 技术基础上，利用了三值加权方法，最终用时 4 年完成了预期 6 年的项目，节省时间 33% 以上，这个方法称为 PERT。它强调的是对于不确定时间项目，用概率的方法来估算值，它不关心项目成本，关心更多的是时间控制，被主要应用于含有大量不确定因素的大规模开发研究项目。

一个典型的 PERT 图如图 2-8-2 所示。

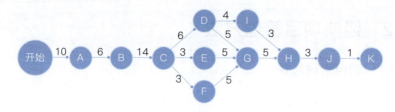

图 2-8-2 典型的 PERT 图

构造 PERT 图，需要明确 4 个概念：事件、活动、松弛时间和关键路线。

- 事件（Events）：表示主要活动结束的那一点；

- 活动（Activities）：表示从一个事件到另一个事件之间的过程；

- 松弛时间（Slack Time）：在不影响完工前提下可能被推迟完成的最大时间；

- 关键路线（Critical Path）：PERT 网络中花费时间最长的事件和活动的序列。

注：PERT 方法其实是基于 CPM 方法之上的，加入了一些新的阈值，主要相似性在于，它们都是基于将项目进行线性的任务预估，进行流程网络的设计，主要区别在于 PERT 方法每个任务工期不确定，且包括了悲观值、乐观值和最有可能值三个值，与 CPM 方法相比较，PERT 方法适合对成本不那么关注的项目。

3.WBS：工作分解结构

1961 年 5 月，汇聚 30 多万人，耗资 200 多亿美元的"阿波罗登月计划"采用了"工作分解结构"的方法，将整个计划由上而下逐级分成项目、系统、分系统、任务、分任务等六个层次，这种工作分解结构方法简称 WBS。WBS 是一个描述思路的规划和设计工具，每一个任务被称为 WBS 任务。

个人认为 WBS 不仅仅是一种方法，实际上它更是一种思路，例如，你今天打算对家里进行整理，我们也可以用 WBS 方法对这个任务进行分解，如表 2-8-1 所示。

表 2-8-1　整理家庭的任务分解

一级任务	衣 柜 整 理				房屋清洁	抛弃旧物
WBS 子任务	取出衣物	整理出不需要的衣物	衣物分类	折叠分类衣物	将折叠好的衣物分区放回衣柜	……	……

上述例子中，对于整理家庭这个项目，我们至少可以将任务拆分为 2 级任务，项目越庞大，任务可以拆分的层级越多，但层级并非越多越好，我们从管理角度，需要控制层级数目以减少沟通及管理成本。

8.2.3　小结

项目管理工作本身主要具备计划、实施、控制、评估等特征。它诞生的推动力，在于市场对"优化资源配置、降低成本、提高效率"三项需求。

传统 IT 项目，比如 ERP、OA，基本上都采用全局瀑布开发模式，进行大项目、长周期的研发工作。当你确切地知道你想要构建的内容时，这种线性方法可能很好，随着中国 IT 行业的发展，可逆性差、周期过长、闭门造车的瀑布开发模式已经无法适应逐渐瞬息万变的市场和用户口味。

市场逐渐引入了一些新的模式，主要包括极限编程（XP）、Scrum、水晶方法（Crystal Methods）、自适应软件开发（ASD）、特性驱动开发（FDD）、动态系统开发（DSDM）、轻量级 RUP、特征驱动开发（Feature Driver Development）、精益软件开发（Learn software Development）、测试驱动开发（TDD），等等。随着时代的变迁，人们普遍已接受，这些模式的发展不再是容易的、快速的、简单的，反而认为是复杂的、反复的、迂回的、不断修改和迭代的。对互联网企业来说，大部分时间在围绕指定需求目标进行周期性敏捷项目研发，敏捷开发是一种以过程控制为要素的开发模式，它的典型代表是 Scrum。

我们可以常常在真实的项目管理过程中，灵活地使用上述项目管理方法，以适应多元化的市场环境和团队情况。

市场发生了变化，过去我们从老板或者客户处获取需求，进入以用户需求为核心的时代，我们通过竞品、用研、服务设计、客服反馈等途径，从市场获取需求。

8.3 掌握互联网项目管理全局

8.3.1 项目管理的事与人

人有生老病死，项目也有研发周期，那么一个互联网项目有些什么样的典型流程呢？这些典型流程发生时，常常会伴随什么样的事件发生呢？发生这些事件，又应该由谁组织、谁发起、谁负责呢？

带着这些问题，让我们从项目经理视角，来观察一下我们的项目有哪几个经典流程，如表2-8-2所示。

有流程，就需要由人来执行，那么在项目管理中，我们如何界定不同角色和职能呢？经典敏捷项目管理方法 Srucm 建议我们在项目开初应先定义出三种角色，如图2-8-3所示。

表2-8-2 五大管理流程

序号	阶段名称	阶段说明	常见伴随事件
1	项目启动	定义启动或现有项目的一个新阶段点	立项会、评审会
2	过程规划	明确项目范围、优化目标，为实现上述目标制定的关于时间、责任人、需求包分配等内容	项目计划表、WBS 事件定义及分配、里程碑设计
3	执行	完成项目管理计划中确定的工作，以满足项目规范要求	交付看板、站立会
4	监控过程	跟踪、审查、调整项目进程、激励团队，识别必要的计划变更并启动相应变更	
5	结束过程	完成上述过程组，正式结束项目过程	总结会、迭代会、复盘会

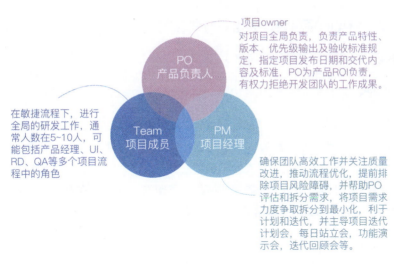

图 2-8-3 项目开初定义的三种角色

上述三种角色奠定了一个项目的基本人员结构，他们之间有些什么具体角色？每个角色起什么作用？如何进行工作衔接？表 2-8-3 为大家描述了一个互联网项目单周期流程及责任人对照情况。

表 2-8-3　一个互联网项目单周期流程及责任人对照情况

序号	流程	主要负责人	辅助人
1	立项会／需求评审	PM、PO	其他所有人
2	排期评估	PM	RD、FE、QA、UI
3	交互设计	PM（产品经理）	RD、UI
4	视觉设计	UI	RD、PM(产品经理)
5	项目开发	FE+RD	PM、UI
6	项目测试	QA	其他所有人
7	项目发布	RD	其他所有人
8	项目运维	OP	

设计管理 | 111

DESIGN MANAGEMENT

8.3.2 常见的项目管理的组织方式

敏捷项目组织常常有两种组织方式。

1. 单环模式

比较完整的结构包含 1 个产品经理、1 个用研人员、1 个设计师、4 个研发人员、2 个测试人员，单团队模式所有人具备完全一致的迭代周期，这个模式适合需求非常不确定的小体量产品，可以面对高度不确定的需求，研发团队主要产出的并非项目本身，而是敏捷应对市场和用户的需求与变更，不断快速迭代寻找用户"痛点"和打造用户"爽点"，这样的团队结构常见于创业团队。

2. 双环模式

将团队拆分为 2 个团队，即产品团队和研发团队，共享设计师和产品经理用研资源，2 个团队之间有相同的迭代周期，典型的双环模式配置如下。

- 产品团队：1 个业务负责人、2 个产品经理、2 个设计师、1 个用研人员、1 个运营经理；

- 研发团队：1 个架构师兼研发经理、5 个研发人员、2 个测试人员。

这个模式适合需求介于明确与不明确之间的状态，比较典型的是成熟产品的维护，通常都是多线进行维护的，通过产品团队建立一个研发需求池，产品经理只需要提供轻量级的需求文件，更多地依赖于与研发人员的沟通进行项目的迭代推进，比如我们在开篇提到的 QQ 音乐，以及大家非常熟悉的微信它们采用的正是这种模式。

8.4 项目管理常用方法

1563 年，画家勃鲁盖尔创作了一幅以圣经为题，寓意深刻的《巴别塔》，如图 2-8-4 所示。

巴别塔的典故，来自《圣经·旧约·创世记》第 11 章，大意为：大洪水后，上帝以彩虹为誓，与地上的人类约定，不会再有大洪水这样的劫难灾害毁灭大地，此后，天下人都讲一样的语言，都有一样的口音。随着人类的增多，终于有人提出问题"我们怎么知道上帝不会再用洪水毁灭世界？我们没有理由把我们的将来以及我们的子孙的前途寄托在彩虹上！"

图 2-8-4 巴别塔（勃鲁盖尔创作）

大部分人同意了这个看法，于是人类建造了一座金碧辉煌的巴比伦城，和一座直插云霄的巴别塔，此举惊动了上帝，为了阻止人类的计划，上帝让人类说不同的语言，使人类相互之间不能沟通，计划因此失败，人类自此各散东西。

故事在不同场景下可以多样化解读，在项目管理中，巴别塔常常用来表达 2 个重要警示：

- 团队目标的一致性；
- 团队沟通的重要性。

在本章介绍的多种方法中，我们常常都在为了实现这两个目标而努力，在阅读时，可以多多体会。

8.4.1　项目管理的需求分析

由于项目通常具备一定周期，涉及利益的人较多，作为需要管理需求方（利益人之一）的 PO 或 PM，我们往往可以定义几个锚点来帮助我们后续进行判断和决策，达到以及统一团队思想、管理需求方预期的目标。

项目关键驱动因素：你的客户，或者你的老板最想要什么（某些功能，应付投资人，配合供应链）？他们期待何时收到交付物（基本上没有不着急的项目）？他们对交付物的质量容忍程度怎么样（实现程度、Bug 率等）？

项目约束条件：对于项目经理来说，当前的团队配置、团队成员的能力、预算、时间过紧等，这些都是项目的约束条件，这些约束条件决定了项目规模，以及持续时间和质量，从这些约束条件中最多选择 2~3 项作为你项目管理过程中的核心 KPI，并与客户或老板统一意见，能利于你在后续项目管理过程中的各种决策参考，这几项 KPI 称为项目约束。

浮动因素：项目约束条件选择后，在剩下的条件中，如果有很大调整余地的部分，我们称之为浮动因素，比如老板同意可以增加人手，客户同意增加预算。

8.4.2 会议——解决一致性与帮助沟通的利器

在很多大公司中，有些人形成了一种工作习惯：白天准备开会和进行开会，晚上工作，这导致很多人对会议深恶痛绝，但实际情况是此习惯一时难以改变。抛开会议结果有效性等问题，这个负面例子其实也正说明了会议是重要的沟通工具。

会议是一把刀，刀本身没有好坏，杀人和救人只取决于使用的人和方法，接下来我们一起认识一下在互联网项目中常常会用到的主要会议，如表 2-8-4 所示。

表 2-8-4 主要项目会议

会议名称	会议时长	参与人员	会议目的和内容
启动会	≤30 分钟	项目组全体同事	让大家认同项目背景，了解为什么要做这个项目及目标是什么
项目站会	≤15 分钟	正在执行项目任务的同事	根据项目特征每天、每周一次，或者每周两次进行项目进度状态，问题同步
需求评审会	≤60 分钟	项目组全体同事	从不同方面对需求点进行讨论和确认
视觉评审会	≤60 分钟	项目组全体同事	从不同方面对视觉稿进行讨论与确认
上线评审会	≤60 分钟	项目组全体同事	讨论是否已达到上线标准、推广运营是否准备就绪。上线时每周例行的维护任务可通过邮件审批而非面对面的评审会形式
项目回顾会	≤60 分钟	项目组全体同事	庆祝项目上线，对项目过程进行总结和对需要提高的方面讨论改进措施

> **Tips：如何减少无效会议**
> 1：会议主要内容、议题、材料提前发邮件告知所有人，大家带着共识来参加会议。
> 2：邀请的与会人员的人数尽量达到所需的最小人数；
> 3：会议时间到，悬而未决的问题可以安排下一次沟通，避免相关人继续纠结；
> 4：会议过程中，讨论完相关事务的人可先行离席，后续可通过会议纪要周知会议整体信息。

8.4.3 里程碑设计

我们跑步的时候，如果一开始就定下跑步 6km 的目标，可能大部分人跑到 3km 就放弃了，而如果我们把目标拆分为：先完成 4km，再跑 1km，努力再跑 1km……可能 6km 的任务就很容易达成，在这个案例里，我们通过将一个目标进行小粒度拆分，将当下的眼光聚焦在当前一个看起来比较容易实现的任务上，降减自身对任务的心理压力，从而达到更容易完成目标的目的。这个案例所反映的方法以及目的，可以帮助大家更好理解里程碑设计的意义所在。

当然，在互联网项目管理中，里程碑的实际内涵还有很多，比如利于向上进行节点汇报，减少大家对全局需求理解的难度，聚焦相对短期的里程碑需求，等等。

如果项目很简单，我们可以定义简单的里程碑：需求完成、UI 完成、前端完成、后端完成、测试完成、上线完毕。

如果项目较为复杂，我们可以使用如表 2-8-5 所示里程碑清单设计。

表 2-8-5 里程碑清单设计

序号	里程碑	工作任务	计划开始日期	计划结束日期	应交付成果	验收标准	验收人

8.4.4 交付看板

交付看板把迭代中待办事项的状态可视化，使用它可以省掉 Scrum 中的迭代燃尽图，因为它能图形化地展示代办事项在迭代中完成的情况。

对于团队来说，交付看板可以对团队形成客观的监督压力以及标准，对外来说，团队外的人可以了解待办事项的进展以及管理研发团队外的利益人的预期。

1. 如何创建交付看板

首先，召集团队，讨论可视化事项的开发和测试流程是否有用。

其次，讨论团队开发流程以及不同步骤之间的交叉执行关系。

最后，确定看板主要规则，确定看板的索引卡片上希望展示的信息以便于跟踪产品的待办事项，并为当前流程中的每个代办事项创建一张卡片（见表 2-8-6）。

表 2-8-6　看板卡片

待开发事项	负责人	开发中	待测试	测试中	待产品负责人验收	完成

2. 交付看板样例

一旦团队使用了交付看板，他们应该在迭代中使用它作为待办事项的参考，对于关注项目的其他利益人，也可以通过交付看板帮助决策。

> Tips:
> 1：交付看板在每个迭代后即更新一次。
> 2：在项目会议中，交付看板能够快速让所有人对齐全局信息，并进行工作进度的交叉核对。
> 3：根据项目规模及团队情况，交付看板可简化为姓名、待完成任务池、正在进行、已完成 4 项关键要素。

8.4.5　站立会议

1. 站立会议概述

站立会议的关键词有每日、全员、控制时间、站立。

站立会议是项目管理的重要管理手段之一，主要目标是帮助项目经理和 PO 能及时监控项目进度和风险，确保项目按计划进展，并帮助同事现场解决问题，是对项目进展把握和项目风险控制的重要管理手段。

通常站立会议在每天早晨进行，时长约 15 分钟左右，由团队成员轮流发言，PM 或 PO 做总结陈词或分享项目问题，大家需要站在交付看板下，相关项目组员站立围成一圈，开始轮流描述（见图 2-8-5）：

A：昨天我负责的部分工作是什么进展；

B：今天我计划开展哪些工作，或可以完成哪些工作；

C：我遇到的困难、风险，是否需要帮助，需要谁的帮助；

D：我最近获得的经验。

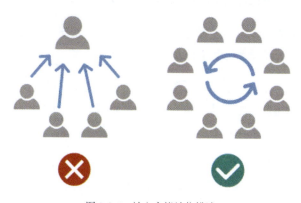

图 2-8-5　站立会议站位描述

在敏捷管理过程中，常常变化大于计划，所以站立会议是一次全员沟通的过程，我们有什么新的变化，都会在站立会议上跟大家分享。

2. 站立会议的一些技巧

• 可以用一个简单道具来帮助指定当前发言人，比如尖叫鸡、公仔等，拿到该玩具的同学才能说话，一方面建立仪式感和流程感，另一方面可以活跃气氛。

• 对于站立会议上未决的问题，项目经理或 PO 应在解决后再在站立会议上向大家说明，让成员感受到效果，及有学习收益感，增强大家的积极性。

• 会后即要求大家在项目管理软件上刷新项目进度，或者根据会议要求记录 / 调整工作内容。

• 当当前发言人发言时间过长，项目经理可打断他，要求 30 秒内描述完毕，以达到控制会议时间的目的。

- 项目经理可以在站立会议上简单地对表现良好和欠佳的人员进行表彰或警告，以给其他人树立规范，更生动地帮助所有人了解界限和规则，从而逐渐在合作过程中达成更多统一和默契。

8.5 一些常见疑问及名词释义

8.5.1 项目经理与研发/产品负责人的关系

从组织架构上来说，项目经理与上游产品经理、下游研发工程师不需要存在行政上的管理关系，项目经理是弱矩阵上孤独的一环。

产品经理负责做正确的事，项目经理负责正确地做事。产品经理最大的考验，是在各种信息来源的混沌感中保持方向，而项目经理最核心的能力，则是在复杂环境中的整合力，所以两者职能常常更多是互相平衡、碰撞、渗透。产品经理与项目经理之间的关系如图 2-8-6 所示。

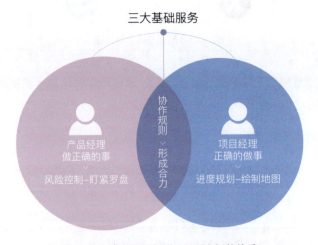

图 2-8-6 产品经理与项目经理之间的关系

而对于研发负责人和项目经理，研发负责人侧重管理研发工程师及技术攻坚等，项目经理是研发团队的需求上游，对研发负责人来说，产品经理和项目经理都是需求方之一，研发团队会接受项目经理的监督及工作协调，如图 2-8-7 所示。

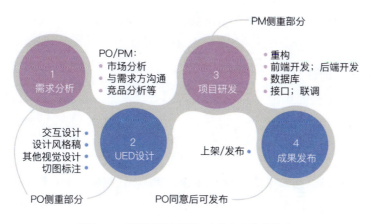

图 2-8-7　项目经理与研发 / 产品负责人的关系

8.5.2　不同需求产生冲突，项目经理该如何利用团队资源确认优先级

方法 1，面对单个产品经理时，可以让产品经理自行决定。

方法 2，项目经理无法判断多个产品经理之间的优先级时，可以把需求冲突的产品经理叫到一起 PK，以此来重新确认和调整需求优先级。

方法 3，问题升级到相关团队的 Leader 或老板处，由他们进行决策。

8.5.3　为什么产品经理与研发工程师总是产生冲突

在敏捷团队中，产品经理与研发工程师常常成为矛盾焦点，这是两者思维差异决定的：

• 产品经理关注机会，研发工程师关注风险、进度；

• 产品经理从目标出发，研发工程师从成本出发；

• 产品经理认为自己代表用户，而研发工程师认为自己代表项目。

会产生这些问题的原因之一有可能是整个团队往往把研发工程师当作代码工具看待，事实上，由于研发工作的特殊性，他们往往比团队更具备逻辑性，而现实中的产品经理常常流于抄袭和拍脑袋等窠臼，导致其在研发工程师处的信任度降低。

敏捷团队的要点之一是优秀的团队，只有把所有人都当作集体智慧的一员，互相信赖，通过机制监督和约束，才有可能达到一致目标的协同。

8.5.4 名词释义

1. 项目

项目指一个独特的任务，或者系统化的流程，其创立的目的是创建新的产品或服务，产品和服务交付完成则标志着项目的结束。这里包含三层定义，第一，项目是一项有待完成的任务，且有特定的环境与要求；第二，任务需要在一定组织机构内，利用有限资源（人力、财务、物力等）在规定时间内完成；第三，任务要满足一定性能、质量、数量、技术指标等要求。

2. 项目管理

项目管理是管理学的一个分支学科，指在项目活动中运用专门的知识、技能、工具和方法，使项目能够在有限资源限定条件下，实现或超过设定的需求和期望，在实际操作中，常常具象化为基于目标展开管理，把大任务分解为子任务，再分解为需求包，依据不同层次的需求包来制定各自的目标实施项目管理。

3. TAPD

TAPD（Tencent Agile Product Development）全名为腾讯敏捷产品研发平台，是一款典型的 WBS 项目管理平台，腾讯内部运营 12 年后于 2017 年 5 月正式对外开放，目前腾讯系项目及企业大部分都使用着该产品，注册地址：https://www.tapd.cn/。

4. 项目角色英文缩写对照

PM：产品经理；RD：研发工程师，如 PHP、Java 程序员；FE：前端开发工程师，即用户看到的页面部分的开发工程师；UE：用户体验；QA：测试工程师；OP：运维工程师。

8.6 完全工具化到来之时，项目经理会消亡吗

目前，大部分公司的项目经理需要具备如下综合技能：

- 了解技术，具备一定需求工期和能否实现的评估能力；

- 了解产品，了解对产品需求合理预期、评估产品设计合理性等；

● 用项目管理方法对质量、成本、时间、风险进行控制并达到预定目标。

到了 2019 年的今天，第三方项目管理平台有很多个选择，例如禅道、Teambition、Jira 都是市场上知名度非常高的项目管理工具，对项目进度的监控一定程度上可以完全使用软件来实现，对需求的拆分可以由产品经理或者研发经理替代，在 WBS 的项目管理流中，每个人的工作完成情况已经可以可视化，并提前预警，看起来，未来普通项目经理这个角色逐渐会被标准化、工具化所替代。

但从本质来看，我们需要项目管理这个角色的目的并不是上述一部分内容，更多的是为了解决信息的传递和控制，而这个技巧不是工具或者制度可以解决的，项目经理向更高阶升级，需要修炼更多软性能力，如：

● 辨识和解决问题的能力；

● 处理冲突的能力；

● 沟通能力；

● 具有一定的管理思维，利于决策辅助；

● 变革能力，如利用新技术和方法，结合团队力量，不断优化项目流程，让项目过程及结果更完美；

● 跨界整合和连接的能力，包括个人、团队、组织的层面去跨界连接和资源整合，团结不同利益相关方，去共同实现动态目标，跨越更大的边界去完成整合。

上述能力的得来不是一朝一夕的功夫，需要长期的项目经验积累，以及具备不断积极求索的精神。往大了说，项目经理可以学习和了解战略、财务、采购等公司层面的信息，帮助风险预测及项目决策；往小了说，项目经理是个需求解构员、任务分配机、冲突灭火器……

尾声：

诺基亚被苹果颠覆，地铁口的两轮车被摩拜颠覆，人们的需求其实没变化，该通信还得通信，该出行还得出行，在这个技术爆发的时代，可能过几年远程办公也普及了，马云说未来已来，与其畏惧未来，不如将这种"被时代抛弃""失业"的恐惧变成动力，时刻提醒自己不要停止进步的脚步，去找寻更优秀的自己。

9 组建高效的设计团队

GavinWan 万裕

金斧子 UED 总监

> 📝 导语：
>
> 天下武功无快不破，现代商业社会对效率的追求展现出前所未有的高要求。互联网经济时代以来诞生了许多伟大的公司，也诞生非常多优秀的设计团队。商业步伐如此之快，设计团队的效率也是商业中非常重要的一环。那么，如何打造高效设计团队呢？

9.1 关于设计团队

自互联网行业高速发展之后,设计团队从未有过像现在如此受到各行业各公司的重视。特别是以用户为中心的商业思维越来越受到重视之后,优秀的设计团队在商业运作中起到的作用也越来越大。各大互联网巨头公司自然不用说,出现了如 CDC,TGideas 等大型优秀设计团队,中小型公司在成长为行业巨头的过程中,也成立自己的设计团队,如滴滴设计中心等。同样的,在重视用户体验的小公司或创业公司中,设计团队也是重要的核心团队。

不同公司规模,其设计团队规模也不一样。大的设计团队上百人,分工明细,小的设计团队两三人,什么设计都做。作为一个专业团队,人数的多少并不影响其团队的自身定位或者工作职责。就如创业从无到有从小到大一样,设计团队从组建之初到发展成一个高效专业的团队,这个过程是怎么样的,需要做到什么和注意什么,今天我们来聊一下。

9.2 何谓高效的设计团队和设计师

对高效的定义和场景为:

- 常规需求的处理效率——质量与速度并重;

- 非常规需求的处理方式——临时插入的需求怎么应对,不影响重要需求的进度;

- 对新项目或者新挑战能在短时间内完成,优质优效。

针对上述定义和场景,我们总结出打造高效设计团队的秘诀:定位与分工,文化与制度。

这里的定位指的是对设计团队和设计师的定位;分工则是团队内的职责与工作协调分配;而文化与制度,则是团队在建立初期所确立的愿景以及在后续工作中不断完善起来的,用于维持团队目标和正常工作运行所必不可缺的东西。

9.2.1 设计团队的定位

要搞清楚如何组建高效的设计团队，首先要搞清楚设计团队是什么样的一个团队，它有什么职责。设计团队在公司里面的定位不一样，能做的事情也不一样。常见的有两种，一种是设计团队作为产品运营部门旗下的团队，另一种则是作为一个一级部门的存在，如图 2-9-1 所示。

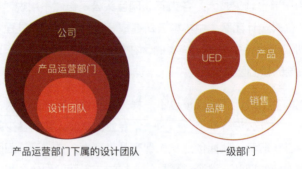

图 2-9-1　设计团队的定位

那这两种定位差别在哪里？前者容易受到团队负责人职位的限制和部门工作范围的限制，导致只能在很小的范围内发挥设计团队的作用和影响，视野也会受到影响，不能站在更高的角度去思考整体设计工作。后者则具备更大的话语权和主动权，也解决了前者的限制的问题。当然在 BAT 等大公司里面存在事业群编制，实际规模已经不亚于一个中型甚至大型公司，设计团队虽然不作为一级部门存在，但也能发挥类似的作用。

介绍了设计团队自身的定位，下面简要介绍设计团队的工作内容（不同行业不同公司里设计团队的工作内容可能会有部分差异）：

- 品牌设计——站在公司整体的高度推动品牌形象建设；

- 产品设计——理解公司战略目标，为用户创造优秀的服务或产品体验；

- 营销设计——关注业务指标，熟练应用各类营销方法帮助数据提升；

- 创新设计——深度思考，探索更多行业、组织、业务和细节上创新的机会。

换个角度来看，其实设计团队在公司里的工作远不仅仅只是提供设计支持，在品牌形象管理、UX 布道与把控以及创意支持上，都要充分发挥其作用，如图 2-9-2 所示。

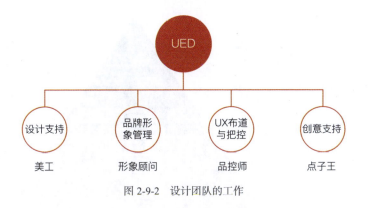

图 2-9-2 设计团队的工作

9.2.2 设计师的定位

1. 能力模型

不同团队对不同设计师的能力要求也不尽相同，但大体一致，从下而上排序分别是：

• 基础能力——包括学习能力、沟通表达的能力、解决问题的能力等；

• 专业能力——覆盖几个常见的设计岗位所要求的能力，外加行业知识，这点特别重要；

• 进阶能力——包括思考能力、总结能力、创新能力；

• 管理能力——包括管理能力、协调能力、项目结果管理；

• 专业影响力——主要是方法论建设和人才培养，如果有行业影响力则更佳；

• 领导才能——引领团队走向更高水平和领域的能力，包含管理能力。

其中，领导才能属于设计负责人的能力要求，而专业影响力和管理能力属于设计管理者的要求，其他三个则是专业设计师的基本要求。设计师的能力模型如图 2-9-3 所示。

图 2-9-3 设计师的模型

2. 理解所在行业和公司

经常有这么个说法：设计师换工作很容易，技能是通用的，哪个行业都可以很快上手。

以我的角度去点评这句话就是一半对，一半不对。一个真正优秀的设计师应该是在某个行业里深耕，充分理解这个行业的特性和用户需求，结合公司的愿景和战略目标，才能更好地通过设计的方式去解决实际问题。对一个行业和公司的方方面面理解过于粗浅，不深入，自然无法发现设计机会在哪里，很容易让自己沦落为只会画图的美工。金斧子设计师所应当关注的行业和公司特性如图 2-9-4 所示。

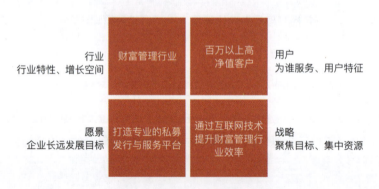

图 2-9-4 金斧子设计师所应当关注的行业和公司特性

3. 关注业务指标

设计师常犯的一个错误就是：只做事，不理解做这个事情的目的和目标。这里涉及两个问题：

• 公司的目标自上而下地传达会逐层衰减，到设计这一层，很多设计师只知道做这个事情，并不理解做这个事情是为了什么；

• 与设计考核有一定关系，很多设计团队并不背负业务指标，自然对设计带来的结果和数据上的一些变化不感冒。

以个人的理解，大多数企业无非在做着下面三个事情（见图 2-9-5）：

图 2-9-5　业务三个指标

• 用户增长：用户量是每个企业发展的根本，无论是 To B 还是 To C，没有用户（客户），这个产品或者服务要么不吸引人，要么没有存在的价值；

• 转化：不同领域产品对于转化的概念定义还不太一致，社交产品可能注重留存，电商产品可能注重复购率，但殊途同归，用户不能形成转化或者变现，商业行为就不可持续；

• 品牌：有这么一个说法，一个企业的所有行为都是为了打造品牌，此话不假。每个人对于每个品类在心中的认知只能有一两个品牌，能成功占领用户心理认知的，无疑是最成功的。

在理解大目标的前提下，目标是可以拆分出很多具体的指标的，如图 2-9-6 所示，而实现这些指标的方法和限制，也是需要设计师去关注的。

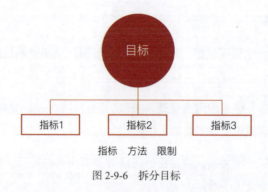

图 2-9-6　拆分目标

举个例子,金斧子的品牌设计师需要关注的几个指标,如图 2-9-7 所示,虽然有些难以量化,但是可以通过不断收集反馈意见来验证和修正。

- 金融行业,品牌关乎生死
- 狭义的品牌设计工作包括品牌推广、活动与企业文化设计
- 打造百年品牌的愿景

图 2-9-7　金斧子品牌设计师关注的目标

9.3　团队内的分工

从设计岗位角色来说,团队一般会包含设计用户研究、视觉设计、交互设计、UI 设计、网页设计、品牌设计、前端设计(某些公司前端算在设计团队)、视频剪辑等。

如果按职责岗位来分,设计师可能分为设计负责人、设计管理者和职业设计师。在团队规模不大的情况下,前两者可能会重合,但对于规模较大的团队,设计负责人和设计管理者的职责分工还是比较明确的。

- 设计负责人:前瞻性地制定团队目标,建立团队文化及制度,为团队寻找突破性机会(找事的人);

- 设计管理者：设计工作管理，把关质量，维持团队制度及运作，跨团队沟通协作（管事的人）；
- 职业设计师：完成日常设计工作及项目设计目标，提升专业设计能力（做事的人）。

如图 2-9-8 所示，基于这样的分工，每个职位上的人其工作的重心就不太一样了。

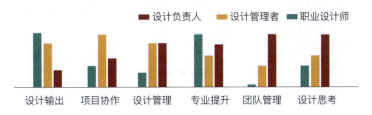

图 2-9-8　各司其职　越级思考

各司其职，才能保证团队合力分工和运作，但我们鼓励越级思考，这样子才能跳出原本思维框架和岗位限制，取得更好的发展。

9.4 "赋能"的文化

有人说华为最值钱的就是其狼性的公司文化。公司有公司文化，团队层面也有团队文化。

团队文化，即团队的行为准则的隐形契约，应该根植于团队每个人心中。文化是可以人为塑造的，你希望团队具有积极向上、有凝聚力、有执行力等的精神面貌，都可以通过团队文化的不断加强，慢慢地、无形地影响着团队中的每个人，如图 2-9-9 所示。

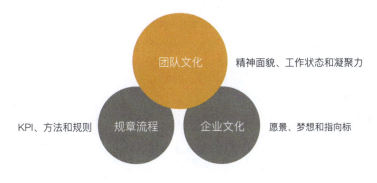

图 2-9-9　"赋能"的文化

但文化是个很宽泛的集合概念，也可以说是一种事后结果的总结。那有没有一些具体的方法来塑造设计团队的文化呢？答案是有的，只是它取决于设计团队中的负责人对团队的构想和规划。对于金斧子 UED，我们的文化价值观分别是：有趣、创新、专业、奋进，如图 2-9-10 所示。

· 有趣，天马行空
　创意源自于生活，有趣和没趣的设计师各方面能力差异是巨大的

· 创新，敢于突破
　不要只做 1—100 的工作，更多尝试从 0—1

· 专业，追求极致
　不满足于 90 分也不满足于 99 分，只要 100 分

· 奋进，高效执行
　对工作抱有热情，具有奋斗精神和强大的执行力

图 2-9-10　金斧子与团队文化价值观

设计团队的日常运作包括以下事情：

- 团队及设计管理；

- 团队建设和气氛活跃；

- 不局限于设计的创意探索；

- 对特定需求有专业难点需要攻克；

- 团队学习和成长。

结合团队文化及团队的日常运作需要，我们给团队中的每个人赋能，使之除了职位、职能的定位，还多了个赋能的定位。

我们把团队里面的每个人，根据其自身的性格或者能力特长，给予其不同的定位。而定位于这个角色就需要对此负责，巩固好团队的文化，这几个角色分别是管理者、活跃者、创新者、专业者和学习者，如图 2-9-11 所示。

管理者　　活跃者　　创新者　　专业者　　学习者
团队管理　活跃气氛　创新探索　难点攻克　组织学习

图 2-9-11　为团队里面的每个人赋能

管理者：负责团队及设计管理；

活跃者：活跃团队气氛，组织团队建设活动和人文关怀；

创新者：负责创新探索，不只局限于设计，更多地探讨产品服务和品牌营销各个方面的可能；

专业者：负责攻克专业上的技术难点，技术创新；

学习者：负责组织团队内的学习和分享活动，促使团队不断学习和进步。

尽管赋予每个人清晰的定位，但实际上每个人是一个综合角色，几个方面都会兼顾，只不过主要负责的方面不一样，权重不一样，并不是除了某一方面的事情其他的概不理会。只有每个人都充分调动起来，才能维护好团队文化的建设和巩固。为团队里面的每个人赋能如图 2-9-12 所示。

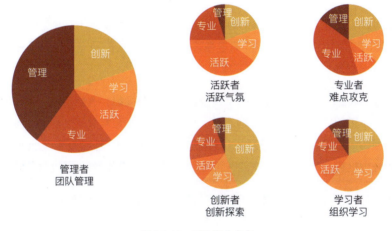

图 2-9-12　团队定位角色

9.5　高效团队的制度

接下来介绍下团队制度。团队制度可以有很多，也可以写得很细，小到上班打卡规则，大到项目汇报规则等。但打造高效团队所需要关注的点我认为有两大方面：一个是保证团队高效运作的项目工作管理制度，另一个则是注重团队成长积累的制度。

9.5.1 项目工作管理制度

这块内容细分会非常多，但从事情归类的角度来看，其实可以分为四大类，如图 2-9-13 所示。

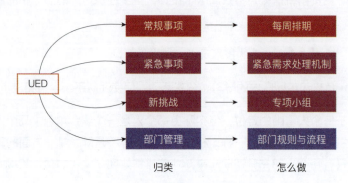

图 2-9-13 项目工作管理制度细分四大类

- 常规事项处理方式——我们采用每周排期表安排每位设计师的工作任务，并通知到相应需求方，让他们知道谁的需求在哪位设计师手上以及完成的时间。既起到沟通作用，同时也是督促设计师按时完成需求的好办法。

- 紧急事项处理方式——相信每个设计团队很多时候都会遇到不可预测和不可抗拒的紧急需求，可能是某个版本突然急着要上线某个功能，可能是某个活动遗漏的需求今天提出并且今天要设计出来，甚至是 CEO 直接下达的 PPT 设计需求，对此，我们也有这么一套处理机制，保证紧急需求能得到满足的同时，尽量不影响正常已排期的需求。

- 新挑战如何应对——新挑战通常是常规外的需求，且是以前没有遇到过的，这意味着之前并未有类似的项目经验、人才及技能储备。这对团队来说是一个挑战，也是一个进步的机会。每年总会遇到几次这种需求，通常我们会成立一个专项小组，由不同岗位的设计师一起去研究和攻克这个项目，会参考行业的已有案例，和项目方做多次沟通，花很多时间去尝试不同的设计思路和方案。

- 部门管理——最后一个则是部门规则与流程的制定，比如月会、月报、周会、晨会、工作汇报、审稿、项目流程等。

9.5.2 注重团队成长积累的制度

维系一个团队运作有很多方面要兼顾，工作管理是一个，团队建设和员工关怀也是一个，但其中很重要的一点是学习与成长，设计师都渴望能从工作中或者团队中得到成长，既是维持设计团队人员稳定的一项重要工作，同时也是提高团队工作效率的一项重要举措。一方面可以通过合理的人才培养和晋升制度让设计师看到有序发展的前景，另外一方面则提倡主动学习与分享，打造爱学习乐分享的氛围。团队成长积累的安排示例如表 2-9-1 所示。

表 2-9-1 团队成长积累的安排示例

人才培养	方法论的积累	晋升机制	学习机制
要点：横向与纵向	要点：多看多做多总结	要点：引导	要点：自发与强制
方法： 1. 纵向领域内的工作指导与设计评审 2. 横向领域内通过需求任务尝试学习 3. 纵向为主，横向为辅	方法： 1. 方法论的学习与培训 2. 选择合适的项目应用 3. 项目应用后的总结与分析	方法： 1. 明确晋升途径与要求 2. 关注设计师能力发展程度及时给予意见 3. 引导设计师完成晋升考核	方法： 1. 每月分享 2. 月会总结 3. 兴趣学习 4. 课余讨论

9.6 总结

高效设计团队，言下之意就是要打造一个工作效率高的设计团队。除了上述大体规则，还会有些零碎细小的办法，来提高团队工作效率，比如：设计模板；对一些不重要的需求简单处理；团队接收需求的判断标准，不合理的不接，等等。把时间花在对的地方上面，也是非常重要的标准。

综上所述，打造高效设计团队，是建立在对行业和公司理解的基础之上，通过对团队合适地定位和分工，建立起相应的团队文化和制度，而逐渐形成的结果。可以说这是一套方法理论，应用于不同行业，不同公司情况不一样，具体结果也不一样，需要团队自己去摸索，找到最适合自身团队发展的模式。

10 体验动力驱动产品设计

张 贝

腾讯金融科技市场部设计中心负责人

> **导语：**
>
> 　　当下的互联网，尤其是腾讯公司内部，新场景、新产品层出不穷。基于庞大的智能手机、计算机、智能硬件，结合高速便捷的网络连接环境，我们能体验到的App、网站、小程序、公众号等互联网产品和服务种类繁多。延伸场景丰富，以微信为代表的移动互联网产品，几乎在一瞬间就充满了每个中国人的生活及工作角落。快到甚至令我们这些每天从事互联网产品设计的专业设计师都遇到了挑战，有些难以跟上市场和用户需求的演变节奏。在这种状况之下，如何找准用户对产品的核心体验动力，并不断用设计的方法强化这种动力，乃至总结出一个可以理解、可以参考、可以应用的模型，对当下的设计从业者来说，应该是个不错的帮助。

10.1　因何谈起产品的体验动力

当我在 2015 年年底离开腾讯之后，从创业的角度去尝试设计一款又一款的产品，同时也帮助诸多领域的企业去优化一些产品之后（当时是作为商业设计顾问身份），这才放缓脚步，去审视曾经做好的地方，也去反思曾遇到的问题，近两年时间，有落地也有失败，现在有机会将一些体验设计的方法和思路串联并传承起来，逐渐聚焦到"产品体验动力"这个设计关键触点上，去尝试解决产品迭代和创新的问题。

2015 年 7 月份，我在北京主持一个设计工作坊，主题为《下一个红包——社会化产品体验设计》，在授课过程中，时间不知不觉地流走，计划 2 个半小时的工作坊，被我拖堂到了 3 个半小时，这是个插曲，然而这个工作坊的主旨就是诠释我要说的主题——"产品体验动力"相关探讨，当时我为了让与会的同学们通过现场扫码领红包，特意做了个演示 DEMO，后来有个产品"面对面"红包与此很类似。

10.2　何为体验动力

当时，红包这个产品已经火了很久，并且具有持续的产品活力，类红包的产品也出现了一大批，如图 2-10-1 所示，撇开大家所熟知的腾讯用户规模和微信社交平台这个原因，难道真的没有其他因素能够决定红包这款社会化产品的成功？为何支付宝也做红包，新浪、网易、百度都尝试过类似产品，但都在使用持续性上稍弱一筹呢？

图 2-10-1　手机红包图

拨开表象看本质，我们探讨这类产品的意义在于，如果找到成功背后的原因，是完全有可能再打造出一款红包这样的社会化产品的，听起来有点理想化，但并非痴人说梦。

提出"体验动力模型"这个概念,就是为了尝试揭开这层面纱,让自己看到产品成功背后的原因,也希望这个概念和方法,在以后的设计中,能够拿来就用,用了就好。

10.2.1 产品体验动力和用户需求动力的区别

首先,需要强调的一点,"产品体验动力"不同于"用户需求动力"。

拿腾讯微信红包这款"小产品"来说,我们现在频繁使用这个产品的动力已经不是当初的利益动机——抢钱,这个是显而易见的动力。

理智一点,从用户需求动力的角度来说,围绕红包或类红包产品的需求如表2-10-1 所示。

表 2-10-1 红包或类红包产品的需求

动力类型	用户需求动力	产品体验动力
客人态 (被动动力)	获得收益(抢到钱)	免手续转账,营销返利,好友集中
主人态 (主动动力)	便捷祝福(分享钱)	爱意表达,随手转账,节日祝福,身份认证等
产品侧 (平台动力)	小额绑卡(拉取新用户)	持续拉取新用户(拉新),培养用户支付习惯(黏性)
驱动结果	红包功能	微信红包,支付宝包 QQ 红包

总之,

> "需求动力"决定了"红包"的诞生。
>
> "体验动力"决定了你到底用哪种"红包"。

这好比解释了一个吃什么的难题,如图 2-10-2 所示。

图 2-10-2　吃什么的难题

10.2.2　体验动力的内涵

现在我们知道了产品体验不等于产品需求,之所以用"体验"这个词,是因为在设计从业者看来,设计的本质就是解决问题,好的设计就是将这一过程的着力优化好,带来好的"体验感"。

所以,产品需求的两个纬度"强度与频度",并不能用来描述产品体验,那么体验动力的内涵到底是什么呢?在说这个概念之前,先来看看我们是怎么出行的,或许可以给我们一些启发,如图 2-10-3 所示。

图 2-10-3　出行问题

在现代中国人的生活中,我们常用的交通方式有汽车、高铁、飞机,其优劣特性如表 2-10-2 所示。

表 2-10-2　3 种交通方式的优劣特性

交通方式	优　势	劣　势
汽车	自由，临时	耗油，短途，堵车
高铁	高速，安全，经济	不自由，长途疲惫，路线少
飞机	远程，安全，快速	费用高，不自由，长途疲惫，路线更少，会延误

对于乘客来说，现在由单纯的路途长短来选择交通工具这一标准已经发生了改变，过去我们会经常说，牺牲点"体验"，凑合一下，忍一忍也就好了，但是现在我们会说，与其搭飞机候机几个小时，还可能延误，还不如坐火车，看看风景，不会堵车，时间差不多，价格还便宜些，又有甚者会说，与其坐火车抢不到票，还不如找个不堵车的日子，自己开车出去玩，体验一下沿途的风景，岂不是更好？在以上三种用户情境中，不同乘客对于目的地（体验目标）的选择是一致的，但是不同交通方式的复杂度决定了用户体验该交通方式的持续性，也就是会不会经常选择这个交通方式，而在使用过程中，不同的交通方式所带来的预期满意度的高低，决定了乘客是不是选择该交通方式而不是其他的（会不会在体验过之后换一种交通方式），与此同时，不同交通方式的核心差异是非常明确的（这就是说，用户的初始意向是非常明确的），比如要从中国去美国，正常人都会下意识地去买飞机票，因为其他的交通方式的核心价值在这种情境下无法达成。

将上面的表述转化为设计语言，我们把体验动力的内涵总结如下：

> 体验动力是对体验目标的定向追求驱动力。

我们都知道物理中"动量"的概念："一个物体的动量指的是这个物体在它运动方向上保持运动的趋势"。对于体验动力，同样要具有持续性、强度和方向，如图 2-10-4 所示。所以，关于体验动力的内涵可以理解为：

- 产品的复杂程度，决定了体验动力的持续性；

- 用户预期的满足度的高低，决定了体验动力的强弱；

- 产品核心价值，决定了体验动力的指向性或选择性。

图 2-10-4　体验动力的三维度

参考这三个纬度我们来分析几款手机端短视频编辑工具中的体验动力，如图 2-10-5 所示（在这里，讨论的前提是确定用户和功能的体验任务目标）。

图 2-10-5　短视频编辑

场景说明：

- 用户简像／女性，28 岁，IT 小白领，经常自拍，性格活泼；

- 体验任务目标／分享制作的视频到微信朋友圈；

- 打分评价／5 分制，具体打分如表 2-10-3 所示。

表 2-10-3　3 个短视频编辑工具打分

	VUE	美拍	faceU
产品核心价值（主要功能）	10 秒视频短视频拍摄	傻瓜式模版美拍社区	动态美颜短视频激萌相机
动力持续性（产品复杂程度）	1 分（不连续）操作较为专业复杂	3 分（连续）操作简单易懂	4 分（比较连续）延续了同类产品操作方式，非常直观
动力强弱	2 分（不足）除了具有品质感，其他限制太多	2 分（充足）同类产品涌现，用户资产保证黏性	3 分（充足）美颜遮瑕模板满足自拍强需求
指向性是否明确	3 分（比较明确）高品质拍摄，定位明确	2 分（不明确）工具及社区功能复杂	3 分（明确）趣拍工具定位明确
平均得分	2 分	2.3 分	3.3 分

从以上三个案例的简单分析中我们可以非常直观地看出，关于用"体验动力"来评价一个产品是站得住脚的。它区别于其他体验评判系统，通过综合三要素来评价某个既有产品。在这里，我相信会有设计或产品的同学来挑战我，讨论一个产品得分 2 分，2.3 分这么微小的差距的意义何在？ 3 分的产品就一定比 2.3 分的产品更好吗？

要回答这个问题，我们首先得明确用"体验动力"到底在产品设计中能解决什么？

10.2.3　体验动力的强弱决定既有产品的迭代阻力（生存难易）问题

在上面的案例中，正因为评价分数的差距不是很大，所以我们可以看到这几款产品是同时出现在我们的桌面上的，并且几乎齐头并进地占领了用户的桌面和使用习惯，只是谁的分数高，谁就有可能在后续的竞争中早日胜出。

> 体验动力是复杂产品和简单产品都能生存的关键性因素。

2017 年年初，我设计了一个线下工作坊，参考我历来设计的一些产品的思路和方法，取名为"体验动力模型"驱动产品迭代，工作坊提纲里有如下一些关键词：

> 复杂的产品、不可持续、简单和貌似简单、如何描述用户体验、洞察力是什么、排定功能优先级、简单从哪里产生…

体验动力是用户使用一个产品的综合驱动力，比如同样的两款产品，经常会出现一种情况，就是先出来的产品反而被后续产品超越，不管是口碑、活跃度、用户量等，这是因为后来者在体验方面做了优化，或者更加聚焦在某个产品核心价值上，也就是加强了用户的体验动力，所以实现了后来者居上。

当我们在谈论体验模型时，我们谈的其实是"手头上的产品"的迭代和再生问题如图 2-10-6 所示。体验动力的总结与强化，决定了产品后续可以朝什么体验方向走，能走多远，有多少用户愿意跟着你的产品继续走。

图 2-10-6　产品的迭代和再生

10.3　体验动力模型的科学依据

我们都知道，在体验设计中，我们经常会用到分拆组合的产品特性整理方法，其实体验动力模型也基于"分解－整理－删除或隐藏－组织或转移－重构"的产品整理方法，如图 2-10-7 所示。

图 2-10-7　体验动力模型的产品整理方法

在这些经典的交互设计思路上，我们增加了用户研究（主要包括定量定性分析）、数据分析、快速原型、纸面推演等体验设计方法，从而重塑一个成熟产品的迭代创新设计流程。

我们尝试综合用户研究体系中的"定量统计＋特性亲和"方法，综合用户角色、平台诉求、营销创新三方面来总结"体验动力模型"的原理和结构。有依据，有数据，有用户，以营销创新为目标的体验设计方法，这也就是"体验动力模型"的科学依据。

10.4 体验动力模型的结构

现在我们得到了一个"拆解－分析－重构"的思路，可以细分一下整个迭代产品的节奏，记录尽可能多的用户触点，填充到如表 2-10-4 所示的表格中，从左到右看起来，其实就是一个老产品到新产品的完整路径。

表 2-10-4 体验动力模型的结构

	拆解	分析		重构	
用户角色	动力类型	场景触点	动力分数（5分）	路径化重组（平均分）	冲刺验证（5分）
用户画像 A	主动动力 用户主动发起的动作	A B C	4 3 2	A－4分 C－2分 D－2分 F－3分 H－3分 路径 P1：14/5＝2.8分	>2.5分纸面原型快速测试
	被动动力 用户被动执行的动作	D E F	2 2 3	B－3分 C－2分 E－2分 G－1分 路径 P2：8/4=2分	
	平台动力 平台或产品引导用户进行的动作	GH	1 3		

看起来这个模型似乎有些复杂，是不是只适用于一个完整产品呢？一个小功能迭代可以用到吗？我在设计 QQ 音乐 4.0 版本的时候，需要对"我的音乐"这个模块的

产品特性进行梳理和交互设计，如图 2-10-8 所示，当时纠结于在首页到底推荐几个专辑的封面，因为首先觉得专辑封面太少了，页面显得很单调，其次专辑封面太多了也会影响用户快速找到歌曲的需求，看起来是在平衡界面设计和用户需求这个问题，这个项目看似比较小，但是这里我们已经涉及体验模型的核心三要素。

那么"用户要找到自己喜欢的歌曲开始播放"这条简单路径下的一些体验动力是如何分布的呢？

被动动力——歌单更新/下载完成→吸引用户查看；

主动动力——找到喜欢/常听的歌曲→用户主动收藏；

平台动力——突出歌单体系/近收听的歌单→引导用户创建歌单。

图 2-10-8 "我的音乐"模块首页设计

在这里，虽然这只是个很小的用户需求，但是已经具备了体验动力所覆盖的全部要素，设计师在脑子里过几遍用户的路径，一个用户需求就算像模像样地被转化为设计需求了。

用户可能是在"下载完成"这个推送通知中打开 QQ 音乐应用的（因为用户一般不会下载不喜欢的歌曲），也有可能是自己打开"近收听"从而找到歌曲的（用户一般情况下，近收听的是自己喜欢的歌曲）等。

这几条路径中涉及的动作我们按照用户调研和点击数据来综合打分，大概可以看出来，哪些路径得分比较高。但是会发现，不管在哪条路径中，用户通过"发现专辑封面"来找歌的行为都是非常低频和低需求的，所以，到底放几个专辑封面，最终发现用户并不关心，因为有太多的替代路径可以解决用户找歌的需求，我们可以看到在后来的方案中，专辑封面逐渐被功能入口所替代，渐渐沉到页面的底部，并全部以纵列形式陈列出来，如图 2-10-9 所示。这样看起来，小功能也是可以用体验动力来算值不值得做，甚至纠偏的，作用还很明显。当时做 QQ 音乐设计的时候，还没有总结出这个体验动力模型，现在想起来，那时候走了很多弯路，跟老板吵了很多架。

图 2-10-9　功能入口

10.5　设计师如何用体验动力解决实际问题

2017 年上半年，我接到一个朋友的电商产品的设计顾问需求，希望我协助他们完成几个客户端产品的改版工作。当时我打开这个产品的时候，发现产品确实很复杂，撇开界面视觉设计很糟糕之外，主要的就是产品中错综复杂的用户行为路径，再加上市面上有不少同类产品，产品经理忧心忡忡地对我说："如果我们采用人工亲自指导和培训客户产品的使用方法，这个成本很高！"所以，这类产品体验问题归根结底就是，用户使用这款产品的体验动力是不足的，想用和能用这两个概念是完全不同的，与此同时，这个产品的渠道和痛点解决得不错，用户在需求动力上是没得选的，那么，按照之前提出的产品体验动力模型的前提来看，这个产品适用于使用"体验动力模型"来解决。

10.5.1　如何用体验动力模型快速找到体验痛点

在处理产品体验设计的第一步，找到体验痛点是非常重要的，找痛点的方法有很多，但如何做到"快速"呢？通过上面的电商案例，来看看用体验动力模型来找痛点的优势。图 2-10-10 所示的现有方案，可以看到，几乎满屏都是 Tab 标签，也就是说到处都是功能入口，毫无轻重和优先区分。

图 2-10-10　电商案例

按照我们前面阐述的体验动力的评价标准，关于使用动力强度以及功能的重要度，我们用的是 5 分制打分标准，所以在给各种动力打分的过程中，我们自然会找到一批易用性很差，但用户很想用或者不得不用的产品特性，比如客户问题记录如图 2-10-11 所示。

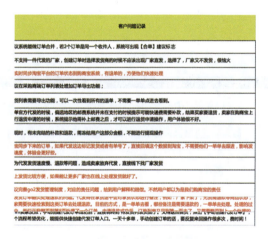

图 2-10-11　客户问题记录

我们惯用的做法是，交互设计师做用户访谈并记录下来，然后逐个分析，但是只完成了图 2-10-11 中的记录工作，而对于如何整理和评价每个需求痛点的思路都很散，这样分析完只会形成一大堆复杂的要改进的点，而我们知道，体验动力模型的第一步就是分解，在分解的时候我们需要给出以下的评价纬度——问题-用户类型-关键词-体验动力分数-重要程度分数，这样我们可以得到如图 2-10-12 所示的分解图。

从这些分解来看，我们可以很容易找到"重要而紧急"的设计需求。

显而易见，在体验动力模型的方法思路下，第一步就是分解和归纳，整理需求，这就是设计痛点，也是体验迭代的依据和机会点。我们看看在之前的方案基础上可以得出的设计痛点和初步的解决策略，如图2-10-13和图2-10-14所示。

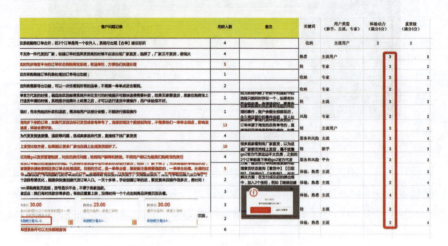

图2-10-12　运用体验动力模型进行分解

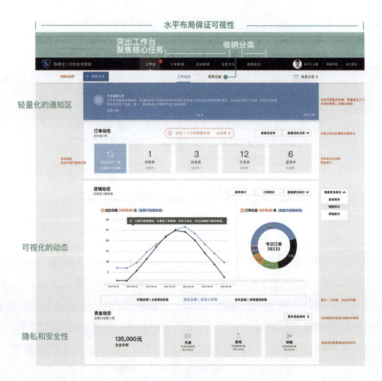

图2-10-13　电商案例的设计痛点

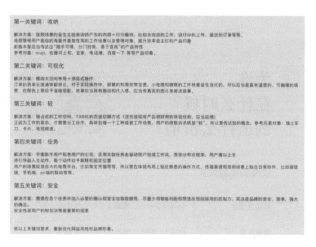

图 2-10-14　初步的解决策略

按照以上设计策略，我们保证商户关注的是其核心收益，即"我现在需要做什么？""我做了之后会怎么样？""我的动作会带来订单吗"，所以，将无关紧要的平台功能后置，将核心活跃功能打造为"工作台"模式，一站式解决用户核心收益问题，用了即走，有活儿即来！而如何兼容用户的习惯性行为和老版本功能入口呢？在这里，我们设计了一个"常用功能"，给一些专家用户和熟练用户做快捷入口，所以我们看一下前后的产品对比可以发现，新框架让有些用户很情愿地去使用，所以，基本达成了动力分解和再促进的设计目标了。

科学分解复杂问题，是需要建立在用户调研和产品数据基础上的，因此"体验动力模型"适用于成熟产品或者老产品。

10.5.2　如何使用体验动力模型推动设计方案

设计方案有效不有效，主要看方案能不能落地。

设计师推动方案的套路有很多，但是从说服力和设计感染力两方面来说，说服力是建立在数据和合理高效的逻辑层面上的，而感染力更多呈现在视觉设计环节，那我们作为交互或体验设计师，该如何把设计方案呈现得更加具有说服力呢？

其技巧在于如何讲出设计的故事。

所以我们可以看到，"体验动力模型"的第二步就是重构路径。路径就是重组了各个用户动作节点的动力总成，无论是被动的还是主动的，或者平台引导的动作，得出的路径就是模拟一位用户真实的行为故事线条,而每一个行为故事线条其实都要求决如图 2-10-15 所示的动力点。

情境|简单的故事	
阶段性情境	情境是变化的,要服务于阶段性商业诉求
聚焦价值	WHO,WHY,HOW,WHAT营销导向
单一任务	一次描述一个功能
想象空间	给故事以开放性结局

图 2-10-15　动力点

10.6　结语

体验动力模型给我们提供了一个找到某个产品或功能定位的参考思路。

被动动力,就是让用户不得不用的核心动力,就像"你的快递到了"这种任务,或者"你有一条未读的消息",总是扰人心魄,让我们聚焦到核心场景和加足动力去思考设计问题。

主动动力,是用户在产品认知逐渐培养和升级中的重要动力,这也是产品在解决了冰与火的技术实现难题之后用户对于一个产品持续使用的核心动力,我们总是想要让存量的需求得到变革,让增量的需求得到布局或培养,这才是用户主动选择你的关键原因。

而平台动力,也就是每个产品能做到的激励和推销措施,反而是弱的,所以,话说回来,广告做得越多,有时候说明对产品没信心。

总结起来,解决体验动力问题其实就是解决产品的复杂度、用户预期的满足度、产品核心价值的明确度这三个核心问题。每个设计师都能用到我所说的那个复杂完整的路径模型去定位解决问题吗?并不见得,但我相信只要心里有光,再晦涩的问题,也会被我们一一照亮,一一破解。

Chapter 3
设计变现

11　无 IP,不创业:设计师如何通过打造个人品牌变现 150

12　创新思维,用好工具产生好创意 159

13　独立设计师的变现之路——设计师如何做自媒体 172

14　从商业认知的视角看产品商业化路径 181

15　独立设计师外包服务中的定价策略 192

11 无IP，不创业：设计师如何通过打造个人品牌变现

刘惠迪

默燃公关创始人 & CEO

曾任新华社记者、硅谷科技公司中国市场负责人、松禾资本品牌副总

> 导语：
>
> 创业风盛行，超级 IP 崛起的当下，隔壁老王突然去纳斯达克敲钟了，楼下小李给你递了联合创始人的名片了。你再也忍受不了甲方无休止的、莫名其妙的、虚无缥缈的、自己都说不明白的需求了。于是，你闹独立，创业了！
>
> 但是，当以独立身出现的时候，曾经设计公司／甲方品牌的光环，瞬间消失，赤条条地从零开始，那么，一个设计师如何快速打造个人品牌，并依靠品牌力量变现呢？

这里旨在讨论个人品牌塑造的正确打开姿势。

我们会通过以下 4 个问题的讨论，来梳理一套即看即用的实用主义方法论，帮助你快速突破个人品牌的 0 到 1。

- 定位先行：茫茫设计师中，如何让客户多看我一眼？
- 策略梳理：小能量撬动大流量？遵循经典 5W 模式。
- 口碑支撑：别人说好才是真的好！巧用种子客户。
- 品牌延伸：跨界联合多点链接，静待意外收获。

接下来，我们将开始梳理思路，找到路径，发现解锁个人品牌打造的关键钥匙。

11.1 定位先行

茫茫设计师中，如何让客户多看我一眼呢？答案是：你必须成为不一样的烟火！

别误会，长相父母给，整容不治本，独特自养成！正经说话，这叫定位。

我们会给产品定位、公司定位、商务模式找蓝海，但当你试图准备以变现为结果，不是打酱油刷存在感的时候，就必须在茫茫设计师中找到你的独特性。如果暂时找不到，也要给自己先标签一个。

这里特别要提醒的是：硬贴标签需谨慎，避免出现违和感。

那么如何成为"不一样的烟火"呢？

我们可分为两步走：

第一步，定人——启动对外推广前，先想清楚出去"站台"的是谁？

是推一个、一对，还是一组人？有的颜值高，有的技术强，搭档起来感觉漂亮得不像实力派，那这个时候，可能打组合拳最合适。如果 CEO 能言善辩、幽默机智、人缘好，还略懂技术，能讲趋势，品牌初建期打造一个人的精彩，也是性价比较高的选择。

先明确站到舞台上的"表演者"是谁，然后开始给表演者贴标签。

第二步，定位——究竟要给自己贴什么标签？

定性格——找到你自己的特征点。

如果你是个内向的主人，但每次出去都要伪装成成功学导师，恕我直言，这出戏演不长，也容易穿帮。所以，以自己的性格为定位基础很重要。

定产品——给公司主营找蓝海区。

你提供了什么服务？设计不是个新品类，各种类型都有，你只有做些跨界的组合，才有机会显得与众不同。因为一旦开始做乘号，组合种类级数会增加，你攀登小高峰插上小旗子的机会，就会突然多了很多。

定视觉——建立一套统一性标志。

你自己有 VI 系统吗？你的着装、言语、处事风格，举手投足都是在演"戏"。有 HR 说，面试设计师第一步是什么？看他穿着如何搭配！你可能随意，但这也是种风格。能够形成风格的前提是一段时间内始终如一，最好还有一些别人能记得住的小标志（符号）。蔡康永肩膀上那只鸟、扎克伯格的灰色 T 恤、乔布斯的黑色高领毛衣，那你的识别物是什么呢？视觉识别上的符号，是最直观的统一标志。

定理念——理念识别的设定与养成。

在企业识别系统 CIS 中，有一部分是 MI（Mind Identity），即理念识别，这部分需要初期设定与逐渐养成。光说不做，别人是感受不到的，可以通过积累一段时间客户案例来证明。为什么要证明呢？因为这样可以让后续的客户更快地认同你的理念，建立信任，之前的成功案例就是你的信任状，也可以帮助你快速筛选客户。小公司团队人员有限，找到"对"的客户，产出及沟通过程都会比较高效。

11.2 策略梳理

> 修炼内功何处发？小能量如何撬动大流量？用公关实现品牌 0 到 1。

在系统定位的基础上，我们似乎有一种跃跃欲试的冲动，感觉自己满腔热情，需要喷洒？于是，到处参加活动刷存在感，换名片，疲于奔命地四处乱窜，精神和体力极度疲劳，3 个月下来，自己的名片撒了一盒又一盒，换来的名片也来自各行各业，但是马上发现，如何转化呢？这个时候，就算你给所有人发信息告诉他们你是做什么的，能做什么，对方也是记不住的，也就是说，这种连接暂时无效。

你需要先打地基，就是构建品牌的 0-1，也就是建立知名度。

有人说，我是设计师，不会做公关？那什么是公关？Public Relations，简称 PR，直白翻译就是与公众建立连接。如何建立这种连接以实现有效信息的有效投递，导入变现，形成闭环？这里讲一个最经典的传播学理论："5W 传播模式"[1]。

1948 年，拉斯韦尔明确提出了传播过程及其 5 个基本构成要素，即：谁（Who），说了什么（Says What），通过什么渠道（In Which Channel），对谁说（To Whom），取得了什么效果（With What Effect）。这就是著名的 5W 传播模式。

现在的媒介已经毛细化，就算是世界 500 强，想要全部占领所有的信息渠道，都是不现实的。做好一个个体，就一定不要贪多，否则烧钱速度是很快的，没动静是必然的，这是挑战。但是 Every coin have two sides，另一面就是 UGC（User Generated Content）化，个人有了不少开放的媒介渠道以实现自传播。所以，不要先去担心渠道，到处求人介绍媒体。如果你真的有料有趣了，媒体会自动来找你的。就算白给你一个公关公司随便用，明天把记者都请到你面前，或许你也不知道要讲些什么。所以渠道重要，但不是第一步。

因此，创业早期，请将注意力放在产生内容上！那么，内容从哪里来？先通过"借"的方式。

11.2.1 蹭热点

热点，可遇不可求，但是真来了就是给有准备的人赚流量的机会。近几年来，这种方式已经成为了各家推广的必备武器。当年，Uber 和神州专车撕逼[2]，成为了别人家的热源，京东、UPS、杜蕾斯、微博等的文案瞬间感觉吃了"士力架"[3]，如图 3-11-1 所示。

---

[1] http://www.yaojiew.com/companys/news_show/id/280/com_id/76.htm
[2] 撕逼，网络热词，原指女人之间的斗争，现在也可用来形容双方互相攻击揭短、发生骂战的现象。
[3] 《神州 Uber 撕逼大戏竟带火了他们？优步不如跑步？》http://www.chinaz.com/news/2015/0626/417348.shtml

(a) 神州专车原图　　(b) 搜狗借势海报　　(c) 微博借势海报

(d) 杜蕾斯一贯风格的海报　(e) 京东接地气的海报　(f) 360一本正经的海报

图 3-11-1　蹭热点案例

这是属于事件型的热点，比较随机。还有一种是可以提前规划的，就是节庆、纪念日等，比如：618、双十一、七夕、春节、中秋、教师节……有人造的节日，也有传统的庆祝日，都可以成为借势的源头。

如何借用？这个方法其实有很多，要选择一个最终能够和你的商业挂上钩的。

不要出现高兴凑热闹，最终双手空的状况。规划好起点（即借势切入点），利用好终点（即业务转化点），中间的路就是执行，执行过程中要注意创意、时效性等。设计师如果不擅长文字，借势海报是个不错的方式：字少且含义深，视觉有冲击。

11.2.2　傍大腿

借助有影响力的品牌建立关联，也可以称为故意碰瓷儿。如果能够参与大品牌的活动，哪怕是一些辅助性的设计任务，也可以经过包装，显得很有范儿。举一个 VR 行业的初创公司的微信例子。

大家先看标题：Pico 拉手 uSens 面基"六爷"冯小刚玩 Fingo 门清儿 [1]。

说明：Pico 是家 VR 头显商，uSens 是其技术提供商，Fingo 是 uSens 的产品。

这篇文章是借势了冯小刚《芳华》电影海口发布会。事情的原委是这样的，这个电影将在中国联通的高铁影院上同步播出，主办方为了让冯小刚看看高铁影院的效果，于是用 VR 做了一个短片。所以，剥洋葱下来，uSens 的 Fingo 是第四层关联：

冯小刚及电影——中国联通高铁影院——Pico VR 头显——头显上的交互技术 Fingo。

但从标题中，我们感觉，好像冯小刚和 Fingo 有直接的关联，其中还埋了冯小刚《老炮儿》电影的用词及风格。

有没有一种满满都是套路的感觉呢？如果发布时间比较及时，还可以蹭到关键字的"光"不妨一试。

11.2.3 巧整合

很多人会觉得自己不是写作的料，这也不用担心，教你一招最好用：整合。

通过某个主题的设置，将相关联的一类串联，最后话锋一转，衔接你的品牌。如果你是做消费电子产品设计的，情人节的时候，可以做一篇《又是一个尴尬礼情人一秒变仇人》，或者直白点《情人节送男友十款经典礼推荐》，里面可以把苹果、PSVR 等高大上的品牌产品罗列，最后几款选几个小众新品，这里请悄悄埋上你。

看篇别人家的例子，微信号《长物报告》2017 年 8 月 7 日的内容：

手中的那把 711 伞，曾让我少凹了多少造型？

从新白娘子的油纸伞到电影《王牌特工》秘密武器，从英国皇室的绅士到霓虹国的花蝴蝶们，最后到杭州天堂竹伞，如果你是卖伞的，一路下来，哪里植入你的品牌都有机会。

---

[1] 《Pico 拉手 uSens 面基"六爷"冯小刚玩 Fingo 门清儿》https://mp.weixin.qq.com/s?src=11&timestamp=1505120799&ver=386&signature=I1T2PqFb5MjT0bOS9XKlu56qlpvxe8Giw8Anzzj9Cgp4pw5WTo3SErAt0gg5M5AopEX0P93Xw-kKOX14ySNsteZVQU9Jqeg4qUBb2Bfgtpnq16fVuCcuWomjvfxQypR5&new=1

以上介绍的蹭热点、傍大腿、巧整合是制作内容的三种易上手的方法。根据拉斯韦尔模式，"说了什么"这部分我们用了比较长的篇幅，个人认为这也是重中之重。后面 4 个 W，都是在该 W 的引领下配置的，此文不详细展开。

简单说下渠道投放（即拉斯韦尔的 In Which Channel），渠道主要分为三类：第一类是自有地，即微信、微博等自媒体，还有钛媒体、简书等都有作者发布内容的区域。第二类就是媒体，可以先投放一些新闻通稿，在搜索引擎这个入口增加可搜索出的内容，这属于铺垫型的渠道。第三类就是定投，专业的设计资讯网站或者目标行业客户所在的行业媒体也是一种选择。

11.3 口碑支撑

> 酒香不怕巷子深？那是老皇历了！口碑传播显威力，一传十十传百。

之前，我们讲的是建立品牌知名度的基础简单方法，在一定累积下，除了让别人知道你，还要让客户说你好，且有一传十十传百的效果产生，这是最理想的，也就是口碑传播。

遇到过一些技术出身的创始人，他们会觉得自己技术好，现在的状况是"酒香也怕巷子深"，这不是一个稀缺乙方的时代，而是一个稀缺注意力的时代。所以如何获得注意力，是我们上文提及的，但到转化客户变现，还有不少中间步骤。这个环扣环的衔接，可能会因为执行力不足、行业变天等各种干扰信息影响，从而无法实现转化的目的。

那么在如此多元且不可控的外部干扰因素下，如何尽可能让转化之路可控呢？这就是口碑的力量。

"王婆卖瓜自卖自夸"，这是没有说服力的，你可以尽可能吹牛，但是对方不信你，再多的吹捧都是无效的，且让对方觉得你不自信。人们会有一种心理暗示作用：越缺乏什么越会强调什么，你懂了吧？

那怎样才是打开客户订单的正确方式呢？用别人家的案例 + 证言投其所好。

我在工作中经常会遇到一些提供设计服务的第三方（Vendor），大部分第一个问题是"贵公司想要哪方面的案例啊？"拜托，我都以公司名义找到你了，你问下"度娘"基本都知道对方公司是做什么的，还需要问这么不过脑子的问题吗？还有一种类型是，为了显示自己做过很多案例（Case），于是一股脑地倾倒而出，是不是自己做的也都往上放。以上两种类型，都对口碑塑造是个干扰项而不是加分项。

口碑是怎么来的？我觉得最核心的就两个字"走心"：创意走心、沟通走心。

讲到此，再重提一下上文的"理念识别"。在整个过程中，你预期塑造的口碑，和你的理念是一脉相承的。当一个项目结束后，记得做好收尾和复盘的工作，收集客户对你团队的反馈和作品的评价，抽离其中与你的品牌理念相一致的部分并放大。一个接一个，做累积，一段时间之后，就形成了一条线，这条线的口碑是累加式的，而不是各说各的分散式的，这点对小团队而言很重要，因为一个凸显的标签，比一堆模糊的标签，更容易找到恰当的客户，效率和成本都会是最佳配置。

甲方和客户之间也会互相询问，尤其是同业或相关，可能别人推荐你的时候会说：这家公司虽然小，是新创的，但是风格很犀利，对客户需求的理解力很强，如果你要这个风格的第三方（Vendor），这个公司可以试试。

友情提示1：如果你的介绍资料中，客户证言的部分都是"这家公司很有创意，服务不错""设计师负责人，很好"……类似这些话，其实没有价值。你要用独特的风格去塑造口碑，而不是用普遍的赞美来讨个好感。

友情提示2：虽然你是乙方，甲方是金主，但并不是甲方说的都是对的。塑造的个人品牌，不是干瘪的花架子，而是有血有肉有性格的。职业规划师古典在《得到》上的专栏是《超级个体》，专门讲如何打造超级IP。这是个超级个体的时代吗？如果你做个强IP，就得有自己的坚持。用心听懂需求，提供专业的建议，甲方和乙方之间的关系是一个互助关系，用电影《让子弹飞》里的经典台词来比喻就是"我想站着，还把钱赚了"。客户在挑第三方（Vendor），第三方（Vendor）也在挑客户，原因是你的团队小、精力少、要把核心力量打中你需要塑造的目标靶心，至少对外PR的时候，要集中火力。

11.4 品牌延伸

> 品牌要有层次感，你的行业并不是全部！延伸你的关系网，期待意外收获。

在一定口碑基础上，你可能需要更广泛地在行业或与企业经营相关的领域刷存在感。因为这种跨界的关联线建立会给你带来更多的潜在意外收获，比如政府、行业协会等机构。

公关不是狭义地指媒体，公关的范围很大，包括投资人、政府、NGO 等。这些关系的建立可能无法迅速转化，但它一旦转化起来的时候，会出乎你的意料。

把自己打造成一个 KOL（Key Opinion Leader，关键意见领袖），用你的观点（Opinion）去做你关系网的扩散工具。写作、演讲、参与社群讨论等，都是比较容易接入的方式，关注并思考一些行业与公众领域相关的话题，并涉及其中。之前可能只有行业媒体在报道你，当你开始建立更广泛的关联时，中央新闻媒体可能也开始会找到你。

11.5　总结

我们生活的世界是一个三维空间，通过 X、Y、Z 三轴的坐标，形成一个立体，这就是我们看到的实物，将"三维成像"引申到个人品牌塑造中，也是一个道理。

一个真实有存在感的品牌，也是一个立体像，那构成这个品牌立体像的 X、Y、Z 轴是什么呢？我的理解是：广度（X 轴）、高度（Y 轴）、深度（Z 轴）。

X 轴——广度：多接触点、多频次延伸广度，并形成连贯的传播节奏，连点成线。

Y 轴——高度：品牌势能，塑造认知层面上的"高大上"或者是你所需要的势能类型。

Z 轴——深度：核心优势，这是一个差异化竞争的"利剑"，在这个维度上产生杀伤力。

无论是 2B 还是 2C，抑或 2VC，打造出来的三维品牌才真实存在于客观世界中，存在于用户、合作伙伴、投资人等的脑认知中，可以有效提升品牌存在感（知名度）、识别度（差异化）和好感度（口碑），尤其对于个人早期的创业公司来说，快速市场占位和品牌形象很重要，建立壁垒。

综上所示，个人品牌的打造从定位开始，不求全，但求精，建立差异化以及先发优势，要像一把利剑一样，稳准狠地插入现存市场中，为自己开辟一条道路。在此基础上，用低成本高收益的借势策略，踏着流量起飞。小有成果的时候，让口碑发挥作用，就像火炬传递一样，口口相传，扩散品牌。设计师们，以上这些方法，看完就能用，用行动和实践来替代迷茫和焦虑吧！

12　创新思维，用好工具产生好创意

Martin

独立设计师、创业者

> 📝 导语：
>
> 　　创新思维是指以新颖独创的方法解决问题的思维过程，通过这种思维能突破常规思维的界限，以超常规甚至反常规的方法、视角去思考问题，提出与众不同的解决方案，从而产生新颖的、独到的、有社会意义的思维成果。

创新思维以创新为基本特征，是个体的一种综合性思维能力。

创新思维是指以新颖独创的方法解决问题的思维过程，通过这种思维能突破常规思维的界限，以超常规甚至反常规的方法、视角去思考问题，提出与众不同的解决方案，从而产生新颖的、独到的、有社会意义的思维成果。

而创新则是以新思维、新发明和新描述为特征的一种概念化过程。其起源于拉丁语，有三层含义：第一，更新；第二，创造新的东西；第三，改变。

基于此概念，我们在这里先导出一个创新公式：

> 创新 = 创造 + 逻辑

在此，我们会介绍 3 种与创新思维相关的工具，即漏斗法则、金字塔分析法、头脑风暴法，并提出以下问题：①为什么需要思维工具；②怎么运用这么思维工具。

12.1　为什么需要思维工具来帮助我们

如果一个人听力不佳，就需要有辅助工具来帮助他听到别人的讲话以及自己在说什么。如果一个人视力不好，则有近视眼镜、远视眼睛等辅助工具，甚至可以采用激光手术来治疗。类似这种听力不佳、视力不好的显性问题，人们已经能够认同需要工具、药物、手术来帮助恢复正常，其实人的思维模式也会有类似的毛病！

人们在成长之中会形成思维定式这样的顽疾，然而他的症状是在对其他人、事、物上的不佳表现，呈现出来的问题不是类似看不清、听不清这样单一的问题。思维模式的问题呈现出来的显性表现可谓五花八门，难以言表。正是因为其症状的复杂性，才从某种程度上掩藏了思维模式本身的问题。如果人能够意识到思维模式也会存在毛病、问题，那就好办多了。而解决这个问题的"药"，不是在外部，而在于内部。

在创新过程中，思维定式是一种常见障碍。

它使人们遇到类似的问题时，可能会不假思索地运用过去常用的方法来处理，却忽略了环境的变化。这个时候，我们就需要很多思维工具来帮助我们学习和改变自己。

12.2 工具运用——漏斗法则

假定一个场景,新产品需要更大范围地营销推广,小伙伴用漏斗法则 + 金字塔分析法 + 头脑风暴法 + 价值观权重评估法这几套工具,10 个人,8 个小时,就能生产出 836 个点子。而这一套工具就是下面将要介绍的创新思维的工具。

亲身试验,在我们工作中,漏斗法则是最好的用创新思维的模型。

漏斗法则:漏斗法则就是运用逻辑思维将创新思维的方案决策进行工具化的表达。向上则无限地使用发散思维,尽可能地生产出更多的 ideas,在漏斗中间则用理性思维以及合理标准,对众多 ideas 进行筛选和把控,帮助做出最优选择,如图 3-12-1 所示。

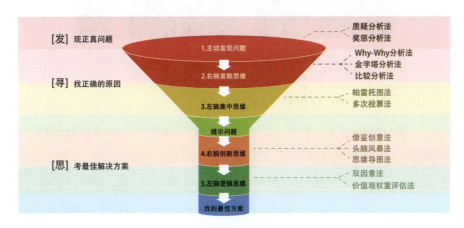

图 3-12-1　漏斗法则示意图

12.3 工具运用——Why-Why分析法

12.3.1 Why-Why分析法的定义

Why-Why 是我们在解决问题时经常会使用到的一种分析工具。它能够让你系统地将所有可能的原因都挖掘出来,并逐一进行验证,通过不断地问为什么,最终找到问题的根本原因。如果你能熟练地掌握这个分析工具,就能快速准确地锁定根本原因,从而制定相应的行动计划,彻底解决问题。

Why-Why 分析法如图 3-12-2 所示。

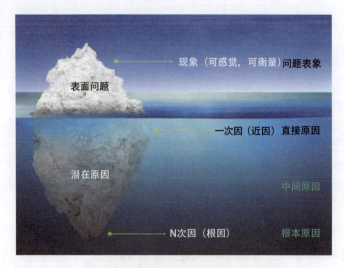

图 3-12-2　Why-Why 分析法

12.3.2　Why-Why分析法使用步骤

Why-Why 分析法是指针对某一问题，问为什么，并对下一个回答继续问为什么，直到答案超出自己职权范围则停止，一般要问到 3 到 5 个 Why：

- 弄清问题。

- 定义所要分析问题的现象。

- 通过提问和实地验证来建立因果验证关系，列出所有可能的原因。

- 逻辑性地分析回复，就所有原因分析，确认核心原因。

- 追问根源的原因。

实例运用：利用 Why-Why 分析法，找出开会迟到的原因，如图 3-12-3 所示。

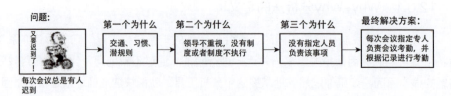

图 3-12-3　Why-Why 分析法分析迟到原因

12.3.3 Why-Why分析法的使用注意事项

使用 Why-Why 分析法的注意事项有：

- 它适用于解决简单直观的问题。

- 问题最多不要超过 5 个。

- 不一定要问到 3 个 Why。

12.4 工具运用——金字塔分析法

金字塔分析法是先从结论说起，再说中心思想，然后再向前推演的逻辑，如图 3-12-4 所示。运用金字塔分析法可以避免思维混乱，保持一个理性的正思考。

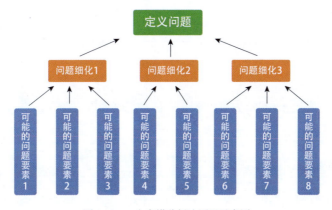

图 3-12-4　金字塔分析法原理示意图

金字塔分析法的使用步骤如下：

（1）用倒推的逻辑，定义要解决的问题。

（2）第二层细化问题。

（3）第三层细化可能存在问题的要素。

（4）进一步剖析产生问题的要素。

实例运用：利用金字塔分析法，分析某品牌奶粉被投诉的原因，如图 3-12-5 所示。

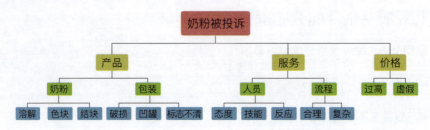

图 3-12-5 运用金字塔分析法分析奶粉被投诉的原因

使用金字塔分析法时的注意事项如下：

- 每一层次的思想观点的总和能覆盖上一个层面的问题；

- 每一组思想观点必须属于并列关系，重复度等同；

- 每一组思想观点必须符合逻辑相关性。

> **Tips：**
> 金字塔分析法与 Why-Why 分析法均是解决问题的分析工具。差别在于 Why-Why 分析法是针对某一具体问题，找出核心原因，而金字塔分析法是先找出问题点，再找出所有原因和要素。
> 因此在实际运用中可以先用金字塔分析法找出问题点，再用 Why-Why 分析法找出 Why（原因）。

为什么要想出多个解决方案呢？

其实这是风险控制的方法之一，除了 Plan A，至少再准备好 Plan B 和 Plan C，才能有效地降低失控风险。

为什么强调创新思维工具在工作中的应用呢？

创新思维工具化可以大幅度地刺激工作者的思维活跃度，更高效率地产出有价值的解决方案。由此我们可以借鉴头脑风暴法。

12.5 工具运用——头脑风暴法

头脑风暴法：4 个原则 +5 种方法 +6 个步骤。

在群体决策中，由于群体成员心理相互作用影响，易屈于权威或大多数人意见，形成所谓的"群体思维"。群体思维削弱了群体的批判精神和创造力，损害了决策的质量。为了保证群体决策的创造性，提高决策质量，管理上发展了一系列改善群体决策的方法，头脑风暴法是较为典型的一个。头脑风暴法的三阶段如图 3-12-6 所示。

图 3-12-6　头脑风暴法的三阶段

12.5.1　头脑风暴法定义

头脑风暴法是指将团队成员召集在一起，以集思广益的形式，对问题进行创新解决的过程，自由地思考和联想，提出各自的设想和提案。

4 个原则：头脑风暴法的原则有 4 个。

- 延迟评判，不做任何有关的缺点的评价；

- 脑洞大开，欢迎各种离奇的假想；

- 以量取胜，优先追求 ideas 的数量；

- 巧妙地利用他人的设想进行叠加发散。

12.5.2　头脑风暴法的使用步骤

使用头脑风暴法的步骤为：

（1）确定创新的主题。

(2) 选定主持人（负责整个头脑风暴的节奏把控和引导）。

(3) 轮流发言。

(4) 不能重复，但可以引申。

(5) 不能评价，要保持中立（好坏都不评价）。

(6) 主持人负责记录所有的想法。

(7) 优化和选择想法（24小时后再评判）。

这其中，主持人的职责有：

- 控制时间；

- 有人违反规则时应制止并惩罚；

- 出现争执，拉开双方。

12.5.3 五种头脑风暴方法

头脑风暴法是创新性地解决问题的常用方法，本小节将着重介绍头脑风暴法的5种工具及具体运用。

1. 借鉴创意法

康德说："每当理性缺乏可靠的论证思路时，类比这个方法往往会指引我们前进。"通常被验证过的东西都是相对安全的，所以当类似情况发生的时候，如果我们参考借鉴前人的经验，会更容易获得成功。

二维码支付听起来似乎是一项十分新鲜的技术。其实，这个跟手机报差不多，算不上新颖的技术。早在20世纪90年代，二维码支付技术就已经形成。其中，韩国与日本是使用二维码支付比较早的国家，日韩二维码支付技术已经普及了95%以上，而在国内才刚刚兴起。

在扫码支付这个功能中，微信率先发现了这一快捷支付，随后支付宝立马跟上。终究其展示形态，也是借鉴前人的创意。马化腾认为，在互联网产业中，模仿才是最稳妥的"创新"。

2. 极限思维法

极限思维法，是指用夸张到极限的想法去思考，例如你想要设计一根弹性好的皮筋，那就设想这个皮筋可以拉个 300 米长，皮筋细到只有 1mm。

用极端词汇刺激自己的想法，例如：极大——极小，极硬——极软，最好——最差。

例如，某手机公司的设计师接到一个项目——设计一条方便携带的 USB 数据，如图 3-12-7 所示。

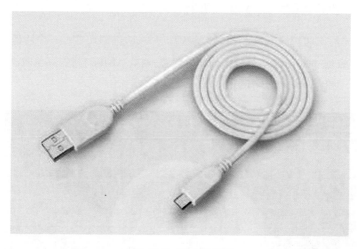

图 3-12-7　USB 数据线

使用极限思维法的 6 个步骤为：

第一步，分析并明确需求。

项目需求：以主语（USB 数据线）+ 形容词（便携的、可使用的）的形式表述。

第二步，分析目前主流 USB 数据线的特点及问题。

现状：以主语（USB 线）+ 形容词（容易打结的、易脏的、接口易损坏的、不便于收纳的、线胶皮易破损的等）的形式表述。

第三步，在主体需求中发散加分项，即补充加分形容词。

加分形容词描述，除便携的、可使用的，还有易收纳的、颜色漂亮的、彩色的、接口不易损坏的、线胶皮不易破损的、防水的、防尘的、手感好的。

第四步，从描述的形容词中发散对应的解决策略。

便携的——线可收缩，随意拉长或缩短；可使用的——符合传统 USB 线接口设计；易收纳的——手腕带式可缠绕连接，随用随取；颜色漂亮的——彩虹色、亮色、荧光色、夜光色等；接口不易损坏的、线胶皮不易破损的——制作材料升级；防水的——防水绝缘布、添加防水涂层等；防尘的——升级材料，灰尘一吹就没；手感好的——创新材料，例如陶瓷、丝绸等。

第五步，使用极限思维法，延伸第四步的思路。

便携的：线可收缩 + 极限思维法（极短）——收缩时可变成一个小圆形，甚至完全看不到 USB 线——Link 修正带，像滑轮装置一样，不用时将线完全收缩起来，要使用时再拉来，如图 3-12-8 所示。

图 3-12-8　参考造型 A

防水的——防水绝缘布、添加防水涂层 + 极限思维法（不仅防水，而且不怕水）——可以用水清洗——USB 线使用雨伞材料，如图 3-12-9 所示。

第六步，24 小时评估法则。

在实际工作中，任何项目都是需要评估可行性及必要性的。评估的维度包括：金钱成本、收益、时间、人力、关键要素、紧急性、重要性等。

图 3-12-9　参考造型 B

3. 工具运用——逆向思维法

逆向思维法是指为实现某一创新或解决某一因常规思路难以解决的问题，而采取反向思维寻求解决问题的方法。

实践证明，逆向思维是一种重要的思考能力。个人的逆向思维能力，对于全面人才的创造能力及解决问题能力具有非常重大的意义。

（1）哈雷摩托的诞生。当时机动车为避免环境噪音，对发动机都追求消音，但哈雷摩托反其道而行之，反而使用更大功率的发动机，速度更快，但发出的声音也更大。如打雷般的引擎声反而成了哈雷摩托的标志，如图 3-12-10 所示。

图 3-12-10　哈雷摩托车

（2）戴帽子的印度妇女。印度有一家电影院，常有戴帽子的妇女去看电影。帽子挡住了后面观众的视线。大家请电影院经理发个场内禁止戴帽子的通告。经理摇摇头说："这不太妥当，只有允许她们戴帽子才行。"大家听了，不知何意，很是失望。

第二天，影片放映之前，经理在银幕上映出了一则通告："本院为了照顾衰老有病的女客，可允许她们照常戴帽子，在放映电影时不必摘下。"通告一出，所有女客都摘下了帽子。谁愿意承认自己有病呢？

4. 工具运用——随机物品法

随机物品法是指利用身边的物品，并根据物品特性衍生随机词汇，然后将自己想要做的产品或想解决的问题进行链接。

运用随机物品法的步骤为：

第一步，确定要做的项目需求，例如现在需研发一款新型音响。

第二步，找到一群有想法的人＋主持人。

第三步，准备好特性较多的随机物品。

第四步，从色彩、形状、功能等各方面来描述这件物品并记录下来，将它的特性发散。

第五步，将这些特性一个个链接到产品"新型音响上"，并记录下这些点子，我们就能得到新型音响的无数个点子。例如这支笔，如图 3-12-11 所示。

图 3-12-11　创新笔

5. 工具运用——相关世界法

相关世界法是指利用已有的知识以及经验，根据相关性，将原有的方法或经验应用到相关项目中。

例如，火遍全国的韩国综艺 running man，被浙江卫视引进，并更名为《奔跑吧！兄弟》，本地化的跑男甚至超越韩国原综艺在国内的影响力。这就是利用相关世界法，在综艺界的微创新。

在运用相关世界法时有个非常重要的因素，即已有认知。所以要求使用者有一定的知识及经验积累。运用相关世界法的步骤为：

第一步，会议主持人提前 1 天通知会议主题及议程，同时请与会人提前做功课，积累一些经验。

第二步，会议主持人抛出话题，与会人结合需求使用相关世界法，提出并自行记录自己的 ideas。

相关世界法的运用方法非常简单，最重要的是将极限思维法、逆向思维法、随机物品法、相关世界法灵活运用到头脑风暴的过程中，这 4 种方法都是为了更好地产出点子。

不仅要在工作中使用头脑风暴法增加创新性的产出，在生活中也要善于发现，经常积累、刺激自己的创新思维，将自己锻炼成一个创意点子库。

12.6 总结

创新需要创新工具，这是毋庸置疑的。这个工具未必是具象的，可能是一种全新的思维方式、一个全新的发现、一种全新的属性、一个全新的角度……你由此展开系统性的思考，将之变成创新的工具，进而展开创新。

最后需要强调的是，不要为了创新而创新，创新不是政治任务，也不是吸引眼球制造噱头、炒作概念、忽悠融资的手段，创新的核心往小一点说是帮助企业找到差异化的竞争策略，从而生存下去，往大一点说是用开创性的方案解决某个领域深层的问题，并且这个方案比其他方案好上十倍，从而创造出巨大的用户价值和商业利润。

13 独立设计师变现之路
——设计师如何做自媒体

黄 飒

高级用户体验设计师、自媒体人

UED设计师的在线教育平台-设计夹创始人

> 📝 导语：
>
> 　　目前从国内来看，设计师创业的不在少数，如果只利用自己的资源和人脉，则对市场的洞察还没有那么强大，自媒体创业的失败是极有可能的事情，所以要考虑清楚再做出选择。不过做自媒体，基本上是没什么风险的，只需要自我不断地产出优质内容，及考虑选择内容分发的平台即可。其实，做自媒体也可以为创业的下一步打下坚实的基础。国内很多知名自媒体，比如差评君、同道大叔等，都是从个人做起来的，然后随着业务需求的增加，慢慢成长为一家还不错的公司。

下面我们将讨论以下几个问题：

- 独立设计师的自我发展，该如何定位？

- 独立设计师做自媒体应该具备的几个思维模型？

- 自媒体变现的渠道与方式有哪些？

- 内容创作的形式与工具，该如何选择？

13.1 给自己定位

先给自己一个明确的定位，多花点时间理性地评估自我能力及市场情况，这样会少走不少弯路。这是设计师彰显个人价值最好的时代，只要你想在工作之外去做得更多，你有太多的选择。在 2015 年年底开始到 2016 年 12 月，设计夹基于微信做了设计师的社群，短短的三个月时间，举办活动 130+ 场，分舵分布全国 40 多个城市，这种基于社交的连接，给内容的传播，带来了无限的想象力。在做社群的过程中，核心问题有三个，如图 3-13-1 所示。

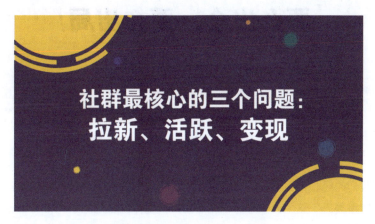

图 3-13-1　社群最核心的 3 个问题

当社群成长起来，时机成熟，就可以针对目标群体做收费的内容，这是个自然而然的过程。这种方式，在微信诞生之前是非常麻烦的，传播效率极为低下，基于微信，你只需要设计好一个活动形式，在朋友圈传播是极为迅速的。所以这种环境下，就催生了一大批自媒体人，而且是活得很好的自媒体人。

现在做设计表现的形式，已经极大地多元化了，移动互联网给个人 IP 的塑造带来极大的便利性，主要是信息的传播非常容易，你可以不用开设线下班，也不用开发一个网站，只要你有好内容，大的流量平台自然会为你传播，比如腾讯课堂、知乎、千聊微课等。

13.2 认知与定位

这个世界永远不缺乏内容，而缺乏有态度的好内容。内容是否优质，是否深得大众的喜爱，这对设计师的能力形成很大的挑战，如图 3-13-2 所示。这里不是说设计师专业能力不行，而是要具备将设计的成果，或者别人的设计成果转化为可传播的能力。对于刚开始做的朋友，在内容产出的频率上，一周三篇原创是至少的，从获取第一个用户，到在设计师圈子里知名，至少需要半年时间，这半年的时间里，需要对内容的风格不断地做出调整。

图 3-13-2 做内容最好的出路

根据我们的经验，纯干货的内容是不易于传播的，应该贴合热点的内容去做，比如"你丫才是美工"这个公众号做得就非常好，整体内容的叙事风格非常轻松，用户也比较容易接受。我们的公众号在前期都输出高质量的专业内容，发现用户数增长非常缓慢，后面做了方向上的调整，用户数增长就快了很多。不过，当下公众号打开率持续降低，做自媒体的难度更大了，更需要找到差异化的点，否则很难走出去，走不出去，后续的内容变现也就无法开展。

13.3 爆品思维

在内容泛滥的情况下，如何才能脱颖而出，这里要谈到的一个点就是"爆品思维"，也就是说选取的点要小，能够很好地落地。举个很简单的例子，交互设计可以分为网页端交互和移动端交互，而且移动端交互又可以包含很多细分的内容，在做交互设计相关内容时，可以把点定得足够小，而且细分很多内容再去写，比如导航交互设计模式、登录注册交互设计模式、异常情况交互设计处理方法，等等。如图 3-13-3 所示这张图，你可以很细致地分析每个交互状态，这样更容易理解。

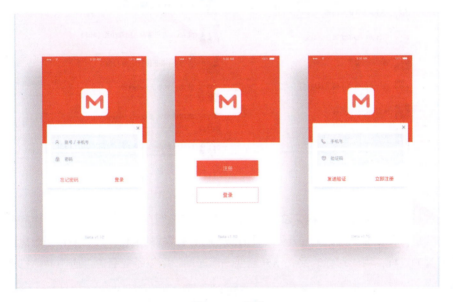

图 3-13-3　登录

在我们做设计夹的过程中，初期聚焦在 UED 的课程内容分享，所有的内容都由内部把控，质量比较高，而且分享的频次很高，每周一次公开课，场场爆满。这样就积累了一大批的种子用户，也顺势把社群给搭建了起来，建立全国各个分舵群（见图 3-13-4），营造了很好的交流氛围。

沿着某一个比较小的点，就可以把一个方向做透，做得足够精，久而久之你的粉丝群体也就建立起来了，然后再想办法做扩展，比如做付费社群，做线下活动等。这方面做得比较好的一个案例就是"研习社"这个公众号，它定位在平面设计教程，会分享平面设计的相关方法，这个公众号在短短的一年内，就积累了数十万的粉丝。

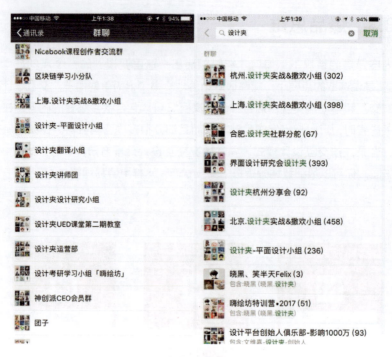

图 3-13-4　设计夹群

"爆品思维"是实现内容突破的核心，特别是在前期，不能做得很泛，总体的思考策略就是"点要小，可扩展性要强"。而且要有打持久战的准备，设计变现是个需要慢慢发酵的过程，用户对你的品牌认知需要一点时间，所以不能着急，应不断地打造精品。

13.4　互动思维

在你选择做自媒体的前期，就应该有"互动思维"，这里的互动，是指你跟粉丝之间的互动。与粉丝的关系，是需要长期维系的，这个维系的过程也需要你具有足够的耐心，构建的所有微信群不要太多，要走精品社群的模式，这样管理起来才会更加高效，如图 3-13-5 所示。

对于互动思维，我们在做设计夹社群的过程中，深有感触，光有内容是不行的，必须跟用户之间建立互动关系才可以，这样粉丝的黏性才能上来。我们可以经常做些活动，比如翻译计划、向大家征集翻译稿、优秀者赠予奖品，等等。

图 3-13-5　互动思维

在与粉丝互动的过程中，可以有以下几种常规方式，增进与粉丝的感情。

方式一：设置小活动形式，让粉丝参与，然后赠予奖品，这个奖品不需要太贵重，但是要有诚意。

方式二：让用户主导一些活动，比如选取社群中的小组长，让他们参与组织一些小活动，这样他们的参与感会更强。

方式三：可以不定期邀请一些嘉宾到社群分享，这样可以更快速地增加粉丝对品牌的认知度。

13.5　如何选择合适的平台

选择平台是非常重要的事情，就像创业如果选错了赛道，你就会永远跑不赢。关于选择平台，在设计夹的前期，我们也考虑是选择微博还是微信公众号呢？在 2015 年年底，微博业务总体在走下坡路，基本上以大 V 居多。用户的黏性也在降低，但是针对设计的微信社群，国内还没有做，这是个机会点，于是我们就选择了比较擅长的 UED 方向作为切入点，基于微信公众号，做内容，传播得更快速。总体来说，选择具有流量红利的平台，比如知乎，你可以不断地回答别人的问题，把自己打造成大 V，成长为大 V 的过程是极为漫长的，所以要事先想清楚。

有很多人问，做微信公众号怎么样？如果在两年前，可以肯定地告诉你，微信公众平台是最好的选择。但是随着公众号数量的膨胀，用户的打开率已经降得很低了。目前微信头条的打开率不到 5%，这说明，微信公众号已经失去了流量红利的价值，如果你还投入很多时间，可能效果甚微。这里不是说，不可以选择微信公众号作为起点，而是难度比较大。建议采用多元方式，比如以微信公众号为主，其他平台跟进，把用户导流到微信公众号中。

作为设计师，你可以选择站酷平台或者 UI 中国，国内一批设计界的大 V，就是从站酷平台出来的，比如庞门正道、字体帮等。不过这里有个问题，站酷平台作为设计师交流平台，以平面设计为主，如果你是互联网设计师可以考虑入驻 UI 中国平台可能比较合适。不过 UI 中国整体的用户量比较小，想要成为超级大 V 也是有很大难度的，可以先在这些平台积累第一批粉丝，然后考虑其他变现形式。

从平台属性来看，微信的连接性最强，因为微信已经具有很强大的生态，内容生产、分发都比其他更加便利和精准。

13.6 内容如何变现

当你粉丝量积累到一定程度后，怎么变现呢？这也是国内很多社群考虑的问题，当下可以变现的工具有很多，比如你可以开设直播课，典型的代表就是 MICU 设计公众号，具有 20 多万的粉丝，两年来招募学员近 800 人，带来不小的收益。

我们做的设计夹社群是有变现能力的，比如做付费的课程分享，就有很多人愿意付费来听课程，其实一旦平台构建起来，变现的难度倒不是很大，还是要看内容和运营玩法。

你可以选择"知识星球"这个平台，开设一个收费的社群，服务具有付费意愿的用户。选择它有利也有弊，好处是变现直接；坏处是，你需要花费很大的精力去维护，维护不好，可能粉丝会是粉转黑的一个状态，不像直播课，它是一次性行为，不需要长期维护。

你也可以直接在腾讯课堂、Nicebook、网易云课堂等在线教育平台投放课程，然后分发到社群中，让他们进行学习。不过，这种方式比较笨重，没有基于社群的直播课方式的那种轻量，其原因主要是传播效率不高，互动性不高。

对于变现的问题，做好内容是绕不过去的坎，再好的平台，没有优质的内容做支撑是不行的。再强调一点，最好从点突破，打造爆品课程，典型代表就是秋叶 PPT，靠一款爆品，轻松年入几百万元。所以，在变现上，不建议做得很宽泛，务必要聚焦。我们在做社群的时候就吃过这个亏，前期不够聚焦，导致后面很乏力，整体的运营跟不上，品牌也上不去。

13.6.1 步步为营策略

变现的途径就这么两种，要么做好内容直接投放其他平台，要么打造个人IP。如果从长期的价值来看，后者的可扩展性更强，有些朋友很着急，觉得内容做好了，投放了就能带来很好的收益，这是一种错觉。不管你投放在其他平台，还是打造个人IP，都要严格地遵循声明周期规律，如图3-13-6所示。

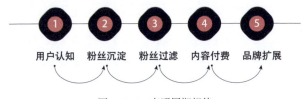

图 3-13-6　声明周期规律

那种一夜爆红的特殊案例比较例外，所以在变现的过程中，不能着急，需要步步为营，稳扎稳打。服务好你的第一批粉丝，形成良好的口碑传播力。现实情况就是，不管你的广告怎么样，都不如口碑传播转化率高。特别在前期，我们只有投入很多精力，并毫无保留地为粉丝服务，这样他们才能为你背书。

在维护粉丝上，具体应怎么做呢？建议从建微信群开始，创建一个严格审查的微信群，每天跟粉丝做互动，定期举办一些线上活动。在跟粉丝互动的过程中，一定要有自己的语言风格，就像当年新东方讲师都会讲段子一样。这样的氛围才是最轻松的，关系也是最容易建立的。

13.6.2 内容形式与工具

大家可以发现，那些大V的内容都有自己的风格语言，比如混子曰等，这种风格就是非常重要的差异化特征，让用户记住你的特征。有时你在苦哈哈地做内容，用户就是不买账，其原因可能是因为你的内容显得太普通了。有时候在内容上，需要具有平民化的特征，从而更能拉进与用户之间的距离。

对于视频类的内容，要求就更高了，其实短视频也是一种容易传播的载体，对于内容变现方面，可以考虑设计一些有意思的短视频先传播出去，形成一个模糊的品牌认知。比如，对于设计师来说，甲方和乙方是个永远扯不完的话题，只要有这样的文章，大部分的设计师看了就感到很兴奋，为什么？因为戳中了他的痛点，此类的短视频就极易传播出去。视频设计方面要注意以下几个点：

第一，视频的风格选择要明确，你是轻浮的，还是沉稳的。

第二，视频视觉元素的选择，你是想整个搞笑的表情包，还是想营造沉稳的形象。

第三，配音很关键，不要随便配音，可以设计独有的配音方式。

第四，文案是需要思考的核心。好的文案，就成功了一半，这块儿需要做深入分析。

如果想做好内容，必须关注微课的制作，这才是根本，因为不管你怎么玩，最终都要回归到购买这件事上。所以这里跟大家讲讲工具的重要性，传统做课件的工具有PPT、Keynote。这种工具，作为演讲使用是没有任何问题的，但是不适合做操作类的演示。录屏软件推荐使用Camtasia、Screen Flow，前者Win版本和MAC版本的都有，后者只有MAC版本的。不过它们都很好用，集合了录屏、剪辑、输出的全部功能，非常方便。

13.7 总结

目前国内设计师，做自媒体的有很多，但是做得足够精的到目前还没有，可能其中一个重要的原因就是变现困难，所以我们在做自媒体创业的过程中，需要考虑3年的发展规划，可能有些细节定不下来，但是总体的方向还是要考虑清楚的。比如，设计夹做自媒体的初衷是做设计师的在线教育，在一开始就遵循这个方向在做内容，不断地输出优质的课程，不断地组织活动，这样就慢慢地形成了品牌认知。从大的创业环境来看，做自媒体是利好的，而且目前的技术门槛也在逐渐降低，考验我们的是能否将内容做好。做好内容，其他一切自然水到渠成。

创业路上的设计师们，加油！

14 从商业认知的视角看产品商业化路径

Harry Lee

ETU 合伙人

曾在世界 500 强企业雪松控股负责战略管理

> 📝 导语：
>
> 时代是趋势，洞见是明道，创意是优术。创意能解决一个一个具体的任务，洞见能帮你重新定义和设计任务，而不仅仅是完成一个任务，时代能帮助你更好地认知什么能碰什么不能碰，趋势即风口即红利。
>
> 正心、取势、明道、优术、合众、践行
>
> ——老子《道德经》

在此讨论的核心内容有：

- 如何精准地发掘商业价值，直击用户痛点？

- 一个新产品如何能够成功地进入一个市场？

- 如何让产品能卖出好的价格？

- 如何让产品持续走红？

14.1　如何精准地发掘商业价值，直击用户痛点

14.1.1　商业模式

理解这个问题之前先让我们正确理解商业模式，如图 3-14-1 所示，我们商业的出发点是"用户获益"还是"自身能力"。苹果公司"软件布道师"卡瓦萨奇曾用"用户获益"做横轴，用"自身能力"做纵轴来做过一个演示。只有自身能力很强，用户也获益才是真正的商业模式，也就是具备商业变现能力。

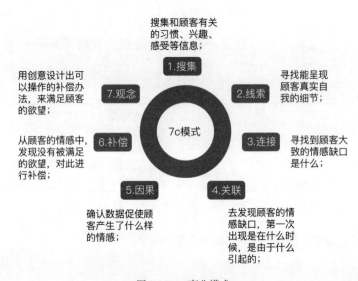

图 3-14-1　商业模式

图 3-14-1　商业模式（续）

具备商业变现能力通俗来说就是能够挣钱了。理解完商业模式，我们可以通过 7c 模式来分析企业布局和产品布局。

14.1.2　把产品设计打造成社交货币

1．与众不同的设计

- 提供区分，打造人与人之间不同的体验，划分人群，打造差异化服务。

其实就是要求产品能够提供区分，打造人与人之间不同的体验。比如国外有家公司推出了只装半瓶的矿泉水，并承诺另外半瓶水会被捐赠给缺水地区的孩子们。虽然都是矿泉水，但是因为产品本身的独特设计和定位，购买的人也变得与众不同了。买"半瓶水"的人不再是千篇一律地为了缓解口渴的普通人形象，而更多地展示了自己的爱心和社会责任感，如图 3-14-2 所示。这种"与众不同"，让购买产品的人拥有了可供聊天的"话题"，同时还收获了更多好评和更积极的印象。

图 3-14-2　半瓶水设计

- 另一种方式是打造差异化服务。

设计可以是产品也可以是服务，比如银行信用卡会根据不同等级会员提供不同服务，持卡人等级越高享受服务越多，比如招行推出过无限卡，它是比黑卡等级更高的卡片，从卡的名字应该能了解到它的功能，再比如航空公司会根据客户的里程积分来给会员提供贵宾厅和升舱等升级服务。

2. 公众场合高辨识度

公众场合高辨识度指产品要能够在公共场合被人轻易认出来。

比如苹果公司设计的 Macbook 笔记本，在打开电脑使用过程中其 Logo 会一直亮着，在机场、咖啡厅等公众场合辨识度极高。

特斯拉在设计 Model X 的时候引入了很多新科技，但只有鹰翼门是埃隆·马斯克一个人坚持要部署的。鹰翼门就是打开时，会像老鹰的翅膀一样高高翘起来的车门。马斯克的目的其实就是要增加产品的公共可视性，让人们可以轻松地从一堆车中认出特斯拉，如图 3-14-3 所示。

图 3-14-3　特斯拉的鹰翼门

3. 能解决实用性

比如演示汇报材料时会首选 PPT 进行制作，或者用一句话说明产品信息，突出产品功效或特点及实用性。

14.1.3 产品营销策略

诱因：将产品与生活中经常出现的场景关联在一起。

情绪：利用群众的情绪进行传播。

故事：让大家记住并传播，同时不会有抵触情绪。

14.2 一个新产品如何能够成功地进入一个市场

一个产品，特别是新产品，如何才能够成功地进入一个市场呢？一个新产品进入市场的时候，应该选择什么样的方式进入？进入的时间、市场的切入口是什么？

一个产品进入市场必须要找到一个突破口，最重要的是进入的时间，进入早了或进入晚了都成问题，而且这个时间是一个有严格限定条件的时间段。摩尔提过一个概念叫作诺曼底登陆。

盟军占领欧洲是从诺曼底登陆的，尽管你的目标是整个欧洲，但是你必须要在欧洲大陆的某一个小点上进行突破，不可能是千军万马地围着欧洲一下子冲进来，那实际上是没办法突破的。所以看来，一个产品进入市场必须要找到一个突破点，最重要的是进入的时间，而且这个时间是一个有严格限定条件的时间段。

诺曼底登陆的时间是 1944 年 6 月 6 日，在盟军内部为了保密，把这一天称为 D 日（D-Day），为什么要选在 6 月 6 日？为什么又要选这个地点？在规定的时间、规定的地点登陆，另外还有一个规定，就是这个时间不能够太长，必须要在一天之内拿下这个地方，因为如果这一天不能够抢滩登陆成功，希特勒就有时间调动援军，这样登陆行动很可能就失败了。所以一个产品进入市场的时候，时间点以及这个点持续的时间是很关键的，时间点对了，但是你不能够在规定的这个时段里完成这个动作的话就有可能丧失这个市场。

14.3 如何让产品能卖出好的价格

作为企业，应掌握产品定价技巧，可以帮助获得更多利润。

这个世界上，从来没有什么"一分钱一分货"，价格从来都是商品成本和消费者心理价位之间的博弈。

在实际交易中，我们并不真地在为商品的成本付费，而是为商品的"价值感"付费。褚橙从栽培到采摘销售环节和其他橙子的种植过程有不一样的地方吗？

当然有，但是如果按照正常橙子从栽培到采摘的总体成本再加上商品的流通成本其实并不高，那么褚橙为什么还能卖那么贵呢？因为它通过价值卖点，品牌传播使得最终价格脱离了整体成本限制，消费者是为价值感而付费的，如图 3-14-4 所示。

图 3-14-4　褚橙

制定价格的关键，是关注消费者的买点，而不是产品的卖点。先找到自己的独特定位，讲清楚你能提供什么特别的价值。只要大家认可这种需求，你的定价就会被接受。

设置一个价格锚点，让消费者有一个明确的价格感知，会更容易接受你的标价。比如，面对"80 元 / 4 小时"和"205 元 / 天"的酒店方案，大多数人都会选后者。再比如空气净化器，原来只有 899 元和 1288 元两款空气净化器的时候，大家都买 899 元的那款，而你特别想卖 1288 元那款。

最简单的办法是，让产品部门再去生产一款 2399 元的空气净化器。这时候，你就会发现 1288 元的版本会卖得比以前好很多，如图 3-14-5 所示。

图 3-14-5 净化器

人们投入在一个物品上的劳动或者情感越多,越容易高估它的价值。所以,想办法让用户有参与感,甚至付出一些劳动,他会觉得物超所值。

如果你的产品酷炫新奇,或者你有一定的技术先发优势,那你就可以提高产品定价,从而激发消费者的购买欲。例如,科技产品刚上市时都有很高的定价,之后会逐渐降价。

把你的产品捆绑在更贵的商品上一起卖,同样可以有效地提升价值感。例如,一个单独的 4GB 内存条卖 200 元感觉有点贵,但一款多出 4GB 内存的电脑却可以卖出更高的价格。

人天生会把钱存在不同的心理账户里。想要卖高价,就要改变顾客对你商品的认知,转移他的心理账户。例如,装修公司会强调他的设计能帮你增加了多少房间使用面积,折成房价相当于多少钱。

有时候,你可以大胆尝试,把产品重新包装,赋予一个神奇的品牌故事,然后提价。因为消费者购买某些商品时,是为了炫耀性地满足心理。如果你能做到让他们恰到好处地炫耀,那么商品越贵越有人买。

把不同商品集合在一起"组合定价",可以使销售利益最大化。比如烧烤便宜,啤酒贵。而人们吃烧烤容易口干,因此啤酒就容易成为利润点。再比如去麦当劳,看见一个汉堡,售价 18 元;一份薯条,10 元;一杯可乐,8 元;合计 34 元觉得挺贵。

再往下看,一份超级套餐,包含上述的汉堡、薯条、可乐,加一起 20 元。包含汉堡的套餐,居然与单独的汉堡价格差不多。这是因为那只汉堡被标价 18 元,就是为了让你觉得那 20 元的套餐便宜。

你的决定,从"要不要吃",就变为了"吃汉堡还是吃套餐"的选择。而且,你当然会在这两者之间，毫不犹豫地选择了套餐。麦当劳通过组合的方式，实现了有效的定价，如图 3-14-6 所示。

图 3-14-6　麦当劳

通过"价格歧视"的定价方法，对不同人群制定不同的价格策略。例如软件公司推出功能受限的家庭版，企业想满足更多功能需求，必须付出更多费用。

比如回到上面麦当劳的案例，采用优惠券会便宜一点，为获取优惠券，需要花费一定成本，比如下载 App 或者在官网打印等，需要花费时间成本，通常是时间成本比较低的人更愿意使用优惠券，而时间成本低的人往往收入也是偏低的，如果麦当劳成功把顾客分成两类人，就是两个不同的用户画像，通过对不持有优惠券的人，提供原价和单品，对于时间成本低的人也就是持有优惠券的人给予打折，这样麦当劳总利润就可以达到最佳状态。

报价越精确，对方还价的可能性就越小。因为报价越精确，对方就越容易认为，你是经过周密计算才开出的价码。

14.4　如何让产品持续走红

14.4.1　让产品持续走红需要让用户养成习惯

用户养成习惯模型如图 3-14-7 所示。

图 3-14-7　用户养成习惯模型

让用户养成习惯的步骤分解如下。

（1）要想让用户对使用我们的产品感兴趣，那就要了解用户的想法和情感，他为什么需要使用产品，在什么情况下需要使用产品，产品填补了他的什么情感需求。

（2）吸引用户关注之后，需要降低用户对新事物的抵触感，将使用方式尽量简便，设计界面尽量简洁，增强用户使用产品的能力。

（3）开始使用产品后，要给用户不断的奖励，让用户得到额外的满足，这样能让用户对产品不知不觉产生依赖感。

（4）要让用户投入到产品中，不断在该产品上花时间和精力，因为人们对自己参与的事情会有非理性的好感，用户越投入就越难放弃使用产品的习惯。

14.4.2　让产品持续走红的公式

在国内实践中人们研究出一套较为可行的产品走红公式：

产品走红 = 创造意外 + 聚焦传播 + 强化记忆

联想案例：2012 年，联想要推出一款新智能手机 K860。在当时看起来是件很难的事情，其原因如下。

第一，当时手机市场上苹果跟小米正如日中天，联想手机品牌没优势。

第二，这款手机推出之前基本没预热，外界没人知道。

第三，K860 推出的时间正赶上小米二代发布，大众都盯着小米二代。

所以当时联想 K860 可以说生不逢时。不过，它却凭出色的营销，硬生生来了个屌丝逆袭。就在小米二代发布会当天，IT 界的几百名编辑记者，都收到一条短信："各位媒体朋友，联想将于明日发布全球首款五英寸四核智能手机，请相信 # 明天会更好 #。"本来，大家正盯着小米二代，这样一条信息，媒体在报道小米发布会的同时，也纷纷报道说联想要推出新手机。

所以在第二天 K860 一推出，知名度立马就提升了。

紧接着，联想趁热打铁，大造声势，紧盯小米二代。你屏幕只有 4.3 英寸，我 K860 是 5 英寸；你是预售，我是现货。几天下来，K860 人气越来越旺，开售的时候，1 分钟就销售 1 万台，后来 K860 成为当年京东智能手机年度销量冠军，力挫小米二代和 iPhone5，给联想带来了 1 亿元的利润，可以说大获成功。

那分析一下这个案例，有三个关键点。

第一，创造意外。

本来大家都在盯着小米二代发布，联想冷不丁杀出来，发了条短信，制造了一个意外事件，一下就吸引住了大家的眼球。

第二，聚焦传播源。

这起事件最核心的是那条短信，而联想把短信发给谁了？是 IT 界的几百名编辑记者，这就是最好的传播渠道。

第三，强化记忆点。

短信里有一关键词：明天会更好。这就突出了一个关键的记忆点——明天，联想要发布一款新手机。大家一下就记住了。

这三点加在一块，就是产品走红公式。

针对这个公式还有以下几条建议：

第一，在创造意外的时候，要把营销对象明确出来，不能为了意外而意外，折腾半天不知道对象是谁。

真正好的"创造意外"，一定要涵盖营销目的。具体就是，得把对象设计成整个意外事件中不可绕过的环节。比如联想这条意外短信，就绕不开"推出新款手机"这个点,不管大家怎么讨论怎么传播,都得说这事,这对象就突显出来了。

第二,公式中第二点"聚焦传播",传播的确定就需要采用倒推思维,想传播什么就创造什么,把要传播的素材都提前计划好。

比如联想那个案例,核心的传播素材就是短信,那就要认真设计这条短信的内容,"明天推出全球首款五英寸四核智能手机",这推出的时间、产品的卖点,立马都说出来了。

第三,强化记忆。

强化记忆主要有几个标准:简单、具体、意外、情感、可信、有故事。全部满足标准很难,但是在创造素材的时候应该尽量满足。

14.5 总结

回顾一下产品市场化路径,首先应该建立产品的认知能力,提高认知体系,找到产品方向,确定核心目标。产品和设计要简单清晰,以数据为导向研发新产品,然后用简单实用功能获取用户。

依赖新的交互场景或者广告互动,利用信息社交、支付等新传播方式,用协同效应抓住用户,让自己的产品彼此产生协同相互依存,不断循环。最后结合上面介绍的产品进入市场的方法论和工具来实现产品市场化路径落地。

15 独立设计师外包服务中的定价策略

谷成芳

兰帕德创始人、SUXA 会长

> 📝 **导语：**
>
> 设计师一旦以个体独立面对社会生产链，马上就会感到现实很残忍。很多时候，设计师的专业能力和他的收入无法形成正比，这是因为在商业行为中，一个好的结果通常基于丰富的经验、全局规划、严谨思考和高情商应变。生意场就是战场，个人武器先进只是占得先机，战术也只是制胜关键，战略才是终极核武器。在商言商，如何准确有效地对外包项目制定报价策略，是设计师创业的战术层面非常重要的关键能力。

网络上有一个比较火的帖子，列出了各个设计不同输出物所对应的不同的价格单，十分清晰，但是对于国内设计行情来说，可能会出现水土不服的情况。我们来解构一下。

15.1 哪些人在找外包

1. 创业团队

一般来说，创业公司因为资源有限，但是又希望在短时间内完成自己的产品Demo，就需要借助外部的力量，需要找外包团队来帮助实现。笔者遇到的情况是对方有一个想法，需要第三方公司或者团队来帮他实现。设计作为里面一个主要的环节，有时候是二手外包。当然也有可能设计师对整套开发流程非常熟悉，也有自己熟悉合作过的团队，那么设计师自己可以成为一手外包。单纯的设计外包独立设计师就可以搞定，不过偏大型的项目，或者完整度比较高的项目还得组团才能吃下。

2. 私营业主

这里笔者接触较多的是一些淘宝商家，亚马逊商家也比较多，他们的需求一般是商品详情页的展示设计。基于业务的压力、竞争对手的高水准视觉盛宴以及商品详情页无情的销售额碾压，他们会愿意花更多的钱买高质量的设计服务，希望用更好的购物体验来促使用户下单。

3. 企业外包

对于企业来说，把核心精力都用在自己的核心业务上，可以提高企业的运转效率，而且还能帮助企业节省开支。美国著名的管理学者杜洛克曾预言："在十年至十五年之内，任何企业中仅做后台支持而不创造营业额的工作都应该外包出去。"

做你最擅长的核心竞争力，其余的外包。这也是为什么中国这两年有好多软件外包公司上市的一部分原因吧。东软国际、拓维等，都是外包公司，却能通过外包快速上市，在商业版图中占据自己的份额。

独立设计师想要接到大公司的外包订单，需要先注册一家公司，大公司对外包公司的在岗人数、资金、办公地点都有要求，需要提前做好准备；现在的大企业外包都进入了流程化阶段，首先要进入大公司的框架协议体系中，也就是供应商的储备系统中。由于大型集团公司对供应商的资质要求较高，如果设计师在某些专业方面具有很强的竞争力，但是团队很小，可以尝试去挂靠在几个资质好的供应商旗下，提供一部分利润分成。这样既解决业务稳定持续性的问题，也能保证项目的质量，以及团队成长性的问题，另外，收款的风险也小很多。

15.2 如何让外包需求者看到你

15.2.1 借助第三方大流量

在流量大的专业的设计平台上推出自己的作品，会让更多人看到你的作品。推荐专业的设计网站有站酷、Dribbble 等，这些网站上集聚了很多优秀的设计师，人气很旺，很多需求方也会经常上这些网站浏览，这个时候，持续地曝光自己优秀的作品会让需求方有更多的机会看到你，再找到你。让业务找到你，可以节省大量找客户的时间。

15.2.2 自建网站

自建网站的好处就是它完全按照自己的审美想法来实现，个人的技术资源以及审美认知上限决定了你的个人网站给用户的体验上限；目标用户找到你的个人网站，会对你有一个更加真实的感官。其缺点就是开发成本相对来说比较高，而且在现阶段获得初始流量的成本也会比较高。

在不缺资源的情况下还是要配合发作品到流量大的网站去展示自己的作品，然后再引导到个人网站上。

15.2.3 朋友介绍

这个是独立设计师运用最多的方式。在同一条产业链上，知道你是做设计的，下次有需要设计服务的时候就介绍给你，特别是同样是设计圈的介绍就更有价值，这也间接说明要经常去专业的网站上推出自己的作品，建立自己的工作交集圈。

15.3 有效报价

15.3.1 报价公式

设计界闻名的外包公式为:

$$\text{Basic} = \frac{m \cdot n}{a \cdot x} \times 200\%$$

式中，m 为目前的月薪（元）；n 为外包项目计划完成的时长（小时）；a 为每个月工作日的天数（天）；x 为每个工作日的时长（小时）。

说明：

（1）m、n、a、x 变量与 Basic 指数呈绝对正相关。

（2）乘数可以根据实际情况进行浮动，但乘数要大于等于 100%，一般浮动区间为 [100%, 300%]，按照项目的紧急程度来确定，上面公式中乘数为 200%。

（3）m、a、x 变量是同一系统变量。

（4）n 变量是其他约束变量。

（5）时薪的计算公式可以简化为 m/ax。

我们举个例子：David Wang 目前在某公司担任设计总监，月薪为 30000 元。2018 年 11 月份的工作日为 22 天，每个工作日的时长为 8 小时，那么 David Wang 的时薪就是 30000÷22÷8 ≈ 171 元。

日前，他接到了一个手机 App 应用界面的外包订单，需求是设计一套风格，大概 5 个页面左右，David Wang 预计自己将要每天下班利用 40 个小时左右来完成，他这 40 个小时要做的是：

· 收集同类产品截图；

· 绘制手绘草图和交互图；

· 设计效果图；

· 完成 PPT 提案；

- 完成后提供 P3D。

综上所述，这项外包 David Wang 先生将收取的基本设计服务费为

$$30000÷22÷8×40=171×40=6840 \text{ 元}$$

这里不是说基本设计服务费就够了，毕竟是要用加班的时间在工作，所以乘以 200% 是妥妥的。倘若对方要得特别着急，可能需要你通宵加紧赶制，那么乘以 300% 也是可以的，也就是说 6840×200%=13680 元，这就是乘数变动的举例。

我们报价的时候不建议直接报 13680 这个数字，这样会引来给用户解释为什么有零有整的问题，直接四舍五入 14000 元。

15.3.2 价格谈判策略

只要涉及价格，可能会面临的一种情况就是对方砍价。那么报价策略就会显得比较重要。

1. 了解更多的信息

（1）了解对方的团队中在本专业领域有没有人员具备相应的专业知识，如果没有，报价可适当高一些。一是因为你有可能要花费额外的时间给客户洗脑做培训，二是有可能客户因为不清楚好坏会纠结并折腾你。当然既然客户不是很专业，对报价高低偏差的敏感度也相对小一些。

（2）了解项目的受众群体大小和项目本身的跨地域复制性大小。如果项目的商业前景大，客户对报价的接受度相应也会大一些。

（3）了解项目的紧急程度，如果是前面的团队做失败了或者方案令用户不满意，时间既紧，期待又高，那么显然应该考虑报得高一些，甚至是高出平常一倍以上。因为往往这样的项目风险也更大。

（4）了解对方现在的一个财力情况，是否有支付能力等。

（5）了解对方是否有多家备选供应商以及它们的情况。

还有一点值得注意，需要了解供应商的合作需求，是项目制的还是年框架协议制的，因为合作的方式不一样，谈判方式也是不一样的。

2. 第一次报价特别重要

基本上第一次报价是给整个交易定基调的一个事情。有的需求方会上来直接要求报价。笔者之前遇到一个客户，一上来就说他要做一个微博，问要多少钱。这个就需要问清楚，需要做几个端的，是只要 iOS 端的还是 iOS&Android 同时都要的？PAD 是否需要？微博有很多功能，是要求整体复制，还是一期一期来，一期需要哪些功能？一般情况下，这样一聊，对方就知道这个价格是很难准确估算的，不过针对这样的客户，建议独立设计师接活儿一定要慎重，这种对产品并不了解的客户在后期会有很多麻烦。

在需求很明确的情况下，第一次报价倘若报得太高，用户基本都会被吓走，倘若用低价留住客户，接下来也会产生很多麻烦。

3. 降价

我们常说创意无价，降价毕竟意味着打折，背后的意义是不好的。建议设计师在谈判中以提供更多的服务来代替降价策略，比如增加动效设计的效果、增加配套的服务项目来与客户谈判。因为一方面这样可以暗示客户不接受降价，另一方面显得我们替客户的项目考虑更多，专业能力有保障，有底气。

除非特别需要这笔钱，但降价也要给出一个合理的解释。例如老朋友介绍，未来多介绍客户这种客套话是要说的，更合理的还是希望帮助客户省钱，所以去掉一些无关紧要的工作量以达到整体价格包变低的效果。

每个需求方的情况不甚相同。倘若是创业公司报价，可以根据对方的情况来报价：

（1）对方无足够现金，根据自己的判断，觉得这个项目可行，那么可以用"技术入股 + 现金酬劳"的形式，这样可以跟着这个项目更快地成长。这样的客户一般十分懂行，他们自己也大多从事相关联的职业，所以十分清楚设计的价值，也懂得分辨好坏。

（2）对方虽然是创业公司，但是现金流充沛，那么还是要按照正常价格来报价。网络上有一种说法是看到土豪可以采用高报价，这种不太合适，不本分的生意做不长久。

（3）对方是企业。此时的报价策略就要描述清楚，一定要十分规范、专业和完整。

有些客户可能会参考淘宝或者猪八戒这样的网站来跟独立设计师谈设计服务价格，这种客户并不建议接收。因为这样的客户大多数是不太懂设计的价值且十分挑剔，如果接下来的话这样的单子会让设计师抓狂，最后丢了单子还丢了心情。

15.4 外包项目的维度评估

15.4.1 人力匹配

独立设计师要对人力有所了解吗？回答是需要的。因为有可能会接一个相对大型的项目，个人搞不定，需要团体协作才能搞定，而且这样的项目也会越来越多。例如，一个基于手机的积分项目，客户找到你，不仅仅需要你完成设计，还希望你能帮忙找到可以一起将设计稿变成完整产品的人。那么单纯设计师的角色在这里发生了变化。你需要兼具一部分产品和项目管理的能力。

当然，报价最基本的公式还是一样的。

在人才的划分上，一般以工作年限来划分，如表3-15-1所示，但十分有天分的设计师除外。

表 3-15-1　人才的划分

设计师职级	工作年限	年薪预估
初级	1~3 年	10W 以下
中级	3~5 年	10W~30W
高级	5~10 年	30W~60W
专家	10 年以上	60W 以上
科学家	成名成家	贫穷限制想象级别

注：W 表示万，是中文"万"字的拼音首字母，10W 表示 10 万。

倘若项目并不复杂，初级设计师就可以胜任，那么整体的报价就可以进行压缩。这个报价优势在价格敏感的项目中非常重要。

15.4.2 时长预估

一般来说，项目的复杂度决定了设计时长，我们单以设计外包来说，页面多，或者设计的交互动效多，那么时间就会变长。其他岗位的也同理。

因此建议，在项目预期的时间上，一般会留整体的 20% 缓冲时间。提前交付给需求方，就可以提前讨论可能出现的问题，这会让需求方觉得自己受到重视。而且因为提前看到专业的提案，会让需求方觉得这个钱花得非常值。

跟客户前期沟通的时候，最好能将功能细节沟通到项目二级，沟通得越详细准确，对时间预估以及人力预判也就越准确。

如图 3-15-1 所示，将项目的细节拆分出来，我们就能更好地做出详情报价单。

任务	阶段	阶段说明	工作天数	参与人数及单价							
				策略规划师（人/日）	用户体验研究/设计总监（人/日）	项目经理（人/日）	资深用户体验研究员/资深用户体验设计师（人/日）	高级用户体验研究员/高级用户体验设计师（人/日）	中级用户体验研究员/中级用户体验设计师（人/日）	前端工程师（人/日）	合计
				1000	1000	1000	1000	1000	1000	1000	总天数X总人数
研究洞察	启动会议	1）对项目相关利益相关方进行项目计划宣讲，互相介绍认识；2）明确工作范围和工作计划；3）建立项目组，确立沟通协作机制	1		1	1		1	1		4000
	内部访谈		3		1	1		1	1		12000
	产品走查	走查4个系统产品移动端和pc端： 1）了解产品的品牌体验设计问题； 2）了解各产品的服务定位、范围、使用角色和使用角色特点和使用角色的痛点有哪些； 3）了解不同系统产品后续所需对接的接口、测试等开发对接情况；	2					2	1		6000
	竞品分析		5					1	1		10000
										小计	32000
										税（6%增值税）	1920
										合计	33920

图 3-15-1　项目细节

15.4.3　项目难度评估

对于设计外包，这里主要从技术难度上来说，例如添加视频动效比静态页面的难度肯定会大一些。更多创新型交互的实现难度也会比单纯实现一个静态页面的难度要大，耗时也会更多，对人才的要求也会更高。

这里要注意一个纯设计问题就是要避免设计过度。设计过度的页面会让用户使用的时候有窒息感。一切好的设计都是舒服自然的设计。

15.5　提案

一般来说，对于外包项目都需要进行设计提案，这样会给自己的专业性加分。因此，可以设计一个 PPT，介绍我们的创意想法，这个 PPT 会包含以下内容：

第一部分，个人 & 团队介绍。

跟求职一样，要对自己进行很好的包装，在哪些公司任职过，主导或者参与过哪些知名的项目。

第二部分，方法论与举证。

加入适当的工作流程管理方法、设计原则、优势能力的深度解析图等，可以显著提升新客户对你们团队的专业度的信任；如果能配合几张过往典型项目的各种场景图，就更能打动客户的心。

第三部分，精讲案例深度包装。

分析已经预知的需求，将过往案例中与该标的项目类似的案例专门制作一个 PPT 附件，对从项目开始到结束的过程以及成果进行流程化地深度解析、总结。这将大大提高成功合作的概率。

第四部分，过往项目陈述。

优秀的项目陈述可以证明自己的能力。倘若之前自己服务的是超级大型的公司，除了展示自己的能力，还要展示自己一部分商业资源，例如可以添加服务公司的 Logo。

第五部分，初步想法。

需求方很清楚自己想要什么，那么尽可能多地展现我们对于他想法实现的一个内容呈现，手上有东西的话可以实实在在地跟对方谈，收集需求方的意见，表达自己的想法，然后更好地为需求方服务，例如，

- 竞品风格的收集与分析。

- 草图绘制以及自我迭代的呈现。

- 设计故事。

在这里要呈现我们的设计故事 & 设计理念，让需求方一下子就能与我们产生共鸣是最好的。而且客户能感受到我们有理有据的设计，客户在对外宣传的时候也知道如何更好地解释自己的产品。

15.6 项目报价

通常来说，有两种报价纬度：一种是按照人天报价来评估，另一种是按照交付件

报价来评估。

第一种，人天报价。

人天报价对于复杂性的大型项目而言，是对甲乙双方的利益平衡更有效的办法。另外对不专业的客户也非常有效，因为用数据沟通，成本看得见，而且报价方案会以项目进度的流程为主线，条理更清晰，容易得到客户的认可。这种报价模式，关键要弄清两个关键要素。

第一要素是投入人力的经验级别要素，往往按照初级设计师、中级设计师（资深）、高级设计师（主管）、专家设计师（总监）来衡量，不同级别的设计师每人每天的报酬显然是不一样的，可以将计划投入的中高级专家的个人资历做一个附件备注说明。这犹如田忌赛马的逻辑，每个项目的不同阶段，需要投入的专业人才是不一样的，难度比较高的创作阶段用专家级的人才，主题风格定义明确了之后，扩展阶段用中低级的人才来做，以合适的成本做合适的事情，让客户看得见你对他的成本精确控制，会容易赢得客户的好感和认可。业界有的知名团队还会用时薪来评估报价。

第二个要素是专业能力方向要素，用研专家、交互设计师、视觉设计师的分工不同，同级别的人才可以在人天报价上有所区别。重商业逻辑轻视觉的项目，可以在用研和交互阶段多投入中高级的人才，反之则灵活调整。项目在不同阶段，会用到不同的专业角色，在报价方案中清晰体现人员的进组出组计划，显示对项目的高度掌控能力。客户会对报价方案清晰明了，无可挑剔。

第二种，交付件报价。

以交付件来报价，是一般性项目主要的报价方式。尤其是交付件不多、周期性短的中小项目。交付件报价也有两个要素：一是难度，二是数量。

一般来说，承担主要门户功能的用户首页是设计风格定案的首选试验田，原创难度当按照100%对待；重要的二级栏目型的页面，按照80%的原创难度来衡量；其他内容型的典型页面按照50%左右的原创难度来衡量；纯扩展性的页面就仅以高质量来评估即可。所以，原创难度高的报价自然成倍递增，以难度最高的确定最高单价，其他的就结合难度与工作量一起评估即可。

数量方面，最重要的就是兼顾好工作量和修改量。这个因为每个项目的不同会千差万别，这里就不多做评论。

交付件报价一般是按照人力匹配、项目类型以及工作时长来估算项目价格。

举个例子：

例如，倘若我们报过去的报价如图 3-15-2 所示，将项目的每一个阶段，每个阶段的人力资源分配情况描述清楚，拆分到已知功能，客户一下子会对工作量有个直观的感受，倘若超出需求方的预算，这个时候就可以砍掉一些不是特别紧急且必要的功能或者延长时间，增加预算。

任务	阶段	阶段说明	工作天数	参与人数及单价							
				策略规划师 (人/日)	用户体验研究/设计总监 (人/日)	项目经理 (人/日)	资深用户体验研究员/资深用户体验设计师 (人/日)	高级用户体验研究员/高级用户体验设计师 (人/日)	中级用户体验研究员/中级用户体验设计师 (人/日)	前端工程师 (人/日)	合计
				1000	1000	1000	1000	1000	1000	1000	总天数X日人数
研究洞察	启动会议	1）对项目组和监理方进行项目计划宣讲，互相介绍认识；2）明确工作范围和工作计划；3）建立项目组，确立沟通协作机制	1		1	1		1	1		4000
	内部访谈		3		1	1		1	1		12000
	产品走查	走查4个系统产品移动端和pc端： 1）了解产品的品牌体验设计问题； 2）了解各产品的服务定位、范围、使用角色和使用角色特点和使用角色的痛点有哪些； 3）了解不同系统产品后续所需对接的接口、测试等开发对接情况。	2					2	1		6000
	竞品分析		5					1	1		10000
										小计	32000
										税（6%增值税）	1920
										合计	33920

图 3-15-2 报价单

Tips：项目从 0 到 1

倘若遇到某些全新的项目，客户只有一个商业目标，根本不清楚需要些什么人才投入，也不清楚会有多少工作量；而且要帮助客户弄清楚产品逻辑，规划出清晰的产品蓝图，这个工作量本身就很大。我们就可以采用“人天报价 + 交付件”报价两种报价模式。在研究咨询阶段，采用人天报价的模式；在产品内容清晰之后，采用交付件报价的模式。

15.7 合同

独立设计师一定要与需求方签订合同。无论是在什么情况下，都要求用合同来约束双方的行为。

这里有一种情况，就是设计师兼职做设计要不要签合同，这里还是建议要签，但是有个情况，万一需求方拿着合同去公司告你，其实是违反与公司的竞业合同的，有可能导致你被开除，这种情况可不大好。

因此，我其实并不建议在职设计师出去兼职赚钱，钱谁都喜欢，但是外包设计收入不能让你发财，外包业务挤压你的学习时间和正常休息时间，严重者可能会影响你的正常工作。更多时候，因为是外包项目，没有 KPI 压力，所以交付件的质量可能没有正常工作质量高，那些项目其实对自己的专业提升是没有很大意义的。

网络上有很多合同的模板，这里笔者说一下 4 个主要注意事项。

1. 50% 预付款

很多外包项目后续会遇到一些不可控的因素，例如需求方砍掉预算，或者整个项目不做了，那么设计作为资源肯定是会被牺牲掉的。那 50% 的预付款，就算拿不到尾款，至少是不亏损的，保本在进行。

偏大型的项目周期长一些，也可以采用 532，或者 352 的阶段付款模式。

2. 修改次数约定

修改次数需要约定好。例如免费修改次数 ≤ 3 次，3 次之后，每一次修改需要增加总金额的 5% 修改费用。这里的修改主要指需求的变更，或者说谁谁谁不喜欢，要换颜色之类的。每一次的修改都需要标注出来。

3. 沟通频次约定

例如每天早上 8 点，晚上 6 点需要进行项目状态推进，每周需要进行一次远程会议之类的这种约定也最好约定在合同中。对方放心，你也会心里有数。

4. 尾款支付与交付物

对于设计外包来说，PSD 源文件交付时，是否需要另外将其做成标准控件？原则上这都是需要的，因此明确约定一下比较好，避免发生纠纷。没有约定而设计师提供了规范标准控件，那客户会觉得非常值。

一般来说，支付了尾款，源文件交付，是否支持还原（特别是基于移动端产品的设计）也需要约定，倘若是整体外包，那当然交付件就是可用的产品了。

15.8 总结

以上，就是我能想到的关于独立设计师提供设计服务时候的一些定价策略，欢迎与大家一起探讨！

后 记

整理完这本书前前后后花了接近两年半的时间。时间跨度比较大，出现案例经常调整的情况，即使在出版提交的前一刻，我相信还是会有案例或局部修改的情况。

本书的主要难度在于，本书是由一群互联网设计领域的专家写的技术文章的合集。首先，在于每一个部分的写作者提前确定下来，约稿；再次，每个作者的写作风格不一样，需要尽量统一调整；最后，在于写作者的时间协作安排。

每位专家在本职工作中的工作强度都非常大，互联网公司，996作息安排那是常有的事情。所以有时候我催稿催得还挺不好意思，甚至一度想过要放弃，或者全部自己来，可是发现这些优秀的设计师拿出来的文章的高度从各个层面是我个人的能力所无法企及的，随之作罢。还是老老实实做好编辑的工作。

我的初衷就是想把互联网设计这个行业中优秀的设计师的观念整理起来，帮助设计师在职场道路上快速地成长。整理完毕，翻看书稿，个人觉得依然是有效的。这里面的方法论切实有效，提供的工具也能帮助我们理清思路，更好地为产品为公司服务，提升个人价值。

这中间还删除了一部分文章。例如《腾讯设计师职级定义》，其原因是小伙伴们完全可以在知乎上找到相关的能力定义与职级说明，甚至可以在网络上找到每个职级对应的市场价。

感谢书中文章的作者，将自己多年的工作感悟梳理出来成为一系列的可复制的方法论，配以案例，帮助读者更好地理解和学习，并具备可复制性，帮助读者冲破自己的职场瓶颈。

再次感谢！也希望本书能真真实实地帮到正在看书的你。

2018年10月30日星期二
Carol 炒炒